功能性材料制备及其在有机污染物分析中的应用

张书鸣　汪阳　著

中国纺织出版社有限公司

内 容 提 要

本书系统整理了功能性材料在有机污染物分析中的应用，分析了功能性材料制备行业的研究现状和新进展，并提出未来研究的方向和挑战；还讲述了磁性固相富集材料的合成及其在痕量有机污染物萃取分离中的应用，包括磁性碳纳米管和磁性离子液体分散固相微萃取技术。通过本书的深入分析和讨论，为科研工作者、环境保护专业人士提供具有参考价值的信息，以期通过持续不断的技术创新和跨学科合作，为有机污染物的分析和治理提供更多解决方案，推动环境保护科学的进步和可持续发展。

图书在版编目（CIP）数据

功能性材料制备及其在有机污染物分析中的应用 / 张书鸣，汪阳著．-- 北京：中国纺织出版社有限公司，2024. 11. -- ISBN 978-7-5229-2133-4

Ⅰ.TB34；X132

中国国家版本馆 CIP 数据核字第 2024DK9020 号

责任编辑：向 隽 史 倩　　责任校对：江思飞

责任印制：储志伟

中国纺织出版社有限公司出版发行

地址：北京市朝阳区百子湾东里 A407 号楼　邮政编码：100124

销售电话：010—67004422　传真：010—87155801

http://www.c-textilep.com

中国纺织出版社天猫旗舰店

官方微博 http://weibo.com/2119887771

天津千鹤文化传播有限公司印刷　各地新华书店经销

2024 年 11 月第 1 版第 1 次印刷

开本：710×1000　1/16　印张：12

字数：190 千字　定价：98.00 元

前言

在21世纪的今天，随着全球工业化的不断扩张和人口数量的持续增长，环境污染问题变得尤为突出。在众多环境污染物中，有机污染物因其难以降解、易积累且对生态系统和人类健康构成严重威胁而备受关注。这些污染物包括但不限于农药残留、药物残留、工业化学品以及生活垃圾中的有害物质。功能性材料的设计与应用，因其在物理化学性质上的独特性，为有机污染物的检测与治理提供了新的策略和手段。

本书致力于全面回顾和总结功能性材料在有机污染物分析中的应用，并特别强调近年来该领域的最新进展。我们旨在为读者提供一个关于当前技术状态和未来发展趋势的深入视角。在过去几十年中，有机污染物的分析技术经历了显著的演变。从早期的液—液萃取技术，到现代的固相微萃取技术，再到更为先进的色谱分析和质谱联用技术，每一步的发展都极大地提高了对痕量有机污染物检测的灵敏度和准确性。然而，面对日益严格的环境和食品安全标准，对分析方法的灵敏度、选择性和现场适用性提出了更高的要求。

在这一背景下，磁性固相萃取技术（MSPE）因其简便的操作流程、较低的成本和环境友好性而受到了广泛关注。磁性纳米粒子，尤其是Fe_3O_4磁性纳米粒子，因其优异的磁响应性能和较低的制备成本，在MSPE领域得到了迅猛发展和广泛应用。磁性离子液体的引入，以其独特的化学和物理性质，为有机污染物的预富集和分离提供了新的策略，为解决相关科学和技术难题提供了新的解决方案和思路。

本书中，我们特别引用了一些最相关和最具说服力的文献。例如，Nguyen团队在东京大学展开对磁性离子液体的开创性研究，他们的工作不仅提出了“磁性离子液体”的概念，而且为后续的研究提供了重要的理论基础。此外，对双酚类物质、喹诺酮类抗生素和拟除虫菊酯类农药等有机污染物的分析方法的深入探讨，为我们提供了功能性材料在有机污染物分析中的理论基础,也为实际应用提供了重要的技术参考。在探讨新型三维碳基材料的构建及其在痕量有机污染物分离富集的应用时,我们重点介绍了三维多孔碳笼和三维中空多孔树莓状 Co/Ni@C 等材料的合成与应用。这些材料的制备方法和应用案例,展示了在分析化学领域的创新思维和实验技巧。通过这些研究,我们可以看到,通过精细调控材料的结构和功能,可以显著提高对有机污染物的分析效率。

此外,本书还涉及了磁性固相富集材料的合成及其在痕量有机污染物萃取分离中的应用,包括磁性碳纳米管和磁性离子液体分散固相微萃取技术。这些技术的发展,不仅提高了萃取效率和选择性,而且降低了对环境的潜在污染风险。

在总结过去和现在的状况的同时,本书也提出了未来研究的方向和挑战。我们期待通过不断的技术创新和跨学科合作,能够为有机污染物的分析和治理提供更多的解决方案,以保护我们的环境和健康。未来的研究可以集中在以下几个方面:一是功能性材料的设计与合成。开发具有更高吸附能力、更快吸附速率和更好选择性的新型材料,以满足对有机污染物分析的日益增长的需求。二是分析技术的创新。探索新的分析方法,如基于生物识别的传感器、微型化和便携式的检测设备,以及利用人工智能和机器学习技术进行数据分析和模式识别。三是现场监测与实时分析。发展能够在复杂环境条件下进行稳定运行的现场监测技术,实现对有机污染物的实时分析和快速响应。四是环境治理与修复。研究和开发能够高效去除或降解有机污染物的材料和技术,以减少其对环境和人类健康的负面影响。五是法规与政策。加强环境保护法规的制定和实施,推动跨学科和国际合作,共同应对全球性的环境污染问题。

通过本书的深入分析和讨论,我们希望能够为科研工作者、环境保护专业人士以及政策制定者提供有价值的信息和见解,共同推动环境保护科学的进步和可持续发展。

张书鸣　汪阳
2024 年 5 月

目 录

第1章 功能性材料与有机污染物概述

1.1 功能性材料

1.1.1 三维碳材料

1.1.1.1 三维碳材料的简介

三维碳同素异构体由于其立体维度的扩展,理论上呈现出比低维碳材料更为繁多的可能性。尽管各类碳材料在微观尺度上皆由碳原子构筑,但在宏观性能上却能体现出迥异的特性。以石墨和金刚石为例,两者在硬度对比上表现为石墨质地柔韧,金刚石则极为坚硬;在电学性质上,石墨表现出良好的导电性,而金刚石却是绝缘体;光学性质上,石墨吸收光线,而金刚石则透明。这些差异源于碳材料内部的晶体结构差异以及原子间的键合方式不同。碳元素在周期表中位于第四主族,属于非金属类别。在其原子结构中,最外层的四个价电子在原子核的吸引力和内层电子的排斥力共同作用下,展现出强大的构型适应性。当碳原子与其他碳原子或不同元素的原子相互结合时,会发生轨道重组,即轨道杂化过程。碳原子的杂化模式主要包括 sp、sp^2 和 sp^3 三种类型。尽管其他一些元素同样能够形成链状、簇状和块状的自聚体结构,但它们在材料形态多样性和组合可能性上均无法与碳元素相提并论。从化学键的角度考察,碳原子之间能够形成单键、双键以及三键等各种键型,这使得碳材料在构造上具有极大的灵活性。在几何结构上,碳原子间的键链可以排列成直线链、弯曲链或闭合环形结构等，从而造就了碳材料丰富多样的微观结构和由此衍生出的广泛物理化学性质。

石墨是一种由 sp^2 杂化碳原子构建的三维碳同素异形体，由德国地质学家 Abraham Gottlob Werner 于 1789 年首次命名。石墨内部的碳原子以二维平面的方式通过 sp^2 杂化连接，形成一个层间距约为 1.4nm 的石墨烯平面结构，而相邻石墨烯平面之间的层间距约为 3.4nm，依靠较弱的范德华力进行堆叠。由于范德华力相对较弱，石墨表现出较软的物理特性，可用于制作铅笔芯、润滑剂和密封材料。此外，由于石墨烯层内部存在着大面积 π 共轭体系，价电子能在层内自由移动，故石墨具有优良的导电性能，被广泛应用为电极材料。金刚石是一种由 sp^3 杂化碳原子构成的稳定碳同素异形体，其结构呈面心立方晶格。在实验条件下，通过对石墨施加高压或高温，可以使石墨中原有的 sp^2 杂化碳原子转变为 sp^3 杂化，此时，每个碳原子的 4 个价电子均匀分布于 4 个杂化轨道中，形成牢固的 C—C σ 键，进而构建出正四面体骨架的三维立体网络结构，转变成硬度极高的金刚石。由于金刚石中的所有电子都被束缚在共价键中，无自由电子可供导电，因此金刚石为绝缘体，但因其具有大的禁带宽度、优秀的热导率和极高的稳定性，被视为“终极半导体”材料，在未来的集成电路和信息技术领域具有广阔的应用前景。三维碳同素异形体结构中，碳原子可以形成各种类型的碳环，如三元环、四元环、五元环和六元环等。基于这一多样性，科学家们已设想并合成出多种新型三维碳材料，如由三元环和四面体单元构成的 T- 碳、由四元环和六元环结合的 Z- 碳，以及包含扭曲五元环和七元环的 M- 碳、W- 碳、H- 碳和 S- 碳等。这些不同类型的 C—C 键赋予了这些三维碳材料多样的电学、光学和热学性质。在所有碳同素异形体中，石墨烯因其极其稳定的结构和卓越的性能脱颖而出。在构建三维碳材料时，研究人员通常以石墨烯或其基本单元如碳纳米带为基础。例如，交错式石墨烯网络便是通过连接扶手椅型或锯齿型石墨烯纳米带来构建的。石墨烯的这些独特性质及其在三维结构中的组装，为新型高性能碳材料的研发开启了无限可能。

1.1.1.2 纳米碳强化钛基复合材料

钛及其合金凭借一系列出色的性能，在航空航天、汽车制造和生物医疗等多个领域得到了广泛应用。随着航空工业的迅猛发展，对钛合金材料性能的需求日益提升，传统的纯钛或常规钛合金已经难以满足高端领域中对关键部件所要求的高级力学性能标准。因此，近年来，陶瓷颗粒增强的钛基复合材料引起了科研界的广泛关注和深入研究。在开发此类复合材料的过程中，通常采用两种方式引入陶瓷增强相：一是直接添加外部陶瓷颗粒作为增强相；二是通过添加纳米碳源在基体中原位生成陶瓷颗粒或晶须增强相。前者由于增强相颗粒与钛基体间的界面结合强度较低且颗粒尺寸往往较大等原因而受限，而后者则能通过在界面处原位生成陶瓷颗粒，实现与基体间高强度的结合，从而有效融合基体与增强体的优点。近年来，国内外研究者通过结合粉末冶金成型技术和变形加工手段，成功研制出了具有优异性能的钛基复合材料板材、棒材等多种型材产品，并针对气动格栅、薄壁舱体、涡轮泵壳体、蒙皮等实际应用场景进行了结构设计，使钛基复合材料得以在航天领域实现实质性应用。这种钛基复合材料在减轻结构重量的同时，能够承受严苛的工作环境条件，因此有潜力成为未来航空航天领域关键部件的重要候选材料。目前，用于强化金属基体的纳米碳源主要包括碳纳米管（Carbon Nanotubes，CNTs）和石墨烯，它们因具备卓越的电学、热学和力学性能，被广泛应用为改善基体材料性能的增强材料。当前，大多数碳纳米材料增强的钛基复合材料主要采用粉末冶金技术来制备，首先将基体合金粉末与增强体混合均匀，然后经过烧结过程实现一体化成型，最终获得具有理想力学性能的钛基复合材料。在复合粉末的制备阶段，通常采用球磨或机械搅拌的方法确保均匀混合。而复合粉末的烧结工艺涵盖了诸如放电等离子烧结（Spark Plasma Sintering，SPS）、热等静压处理（Hot Isostatic Pressing，HIP）、微波烧结、3D打印以及无压烧结等多种技术途径。

（1）球磨混粉—放电等离子烧结技术

SPS技术具有显著的升温速率快和高效烧结等优势，能够有效制备出具备出色力学性能的金属基复合材料。通过采用适宜的粉末混合工艺，可在球形粉末表面修饰纳米颗粒，从而减少接触表面积以提升粉末体系的流动性。尽管球磨法制备石墨烯增强钛基复合材料时,可能会对石墨烯的原始结构造成一定程度的破坏,但鉴于其工艺操作简便,目前仍被视为该类复合材料制备的关键方法之一。实验中,我们针对还原氧化石墨烯增强钛基复合材料,在不同 SPS 温度条件下(分别为 800℃、900℃、1000℃和 1100℃)进行了制备研究,并最终确定 1000℃为制备此类钛基复合材料的最佳烧结温度。同时,采用高能球磨联合 SPS 技术成功制备了石墨烯纳米片(Graphene Nanoplates, GNPs)增强的 Ti-6Al-4V 复合材料。研究表明,通过精细调控高能球磨工艺参数,可以实现在 GNPs/Ti-6Al-4V 复合材料中抗压强度与塑性的良好匹配。尽管高能球磨过程中释放的高能量有助于剥离因范德华力聚集的碳纳米材料,但在高速运转状态下,碳纳米材料与磨球间发生的剧烈碰撞会在碳纳米材料内部引入大量缺陷。这些高活性的缺陷,加上球磨过程产生的高温环境,易于导致碳纳米材料与基体优先发生反应或产生冷焊现象。此外,高能球磨对纳米碳材料尤其是石墨烯的缺陷结构破坏严重,引发石墨烯 / 钛复合粉体界面反应加剧,进而导致材料塑性大幅降低。

(2)纳米碳材料表面改性研究

表面改性技术通过化学改性手段、涂覆表面涂层以及运用纳米粒子进行修饰,以改变纳米碳材料表面性质,目的在于调控其界面反应特性及界面微观结构,进而增强纳米碳材料在介质中的分散性能以及与基质材料的有效结合。对于石墨烯这样的纳米碳材料,有机化学改性主要有两种策略:共价改性和非共价改性。共价改性是指通过化学反应使有机分子与石墨烯的碳网络形成稳定的化学键连接,将有机分子直接连接到石墨烯的二维片层结构上。而非共价改性是利用弱相互作用力,例如范德华力、氢键和离子键等,使有机分子物理吸附在石墨烯表面上。在特定条件下,例如在 80℃的水浴或回流环境下,采用 KOH 作为催化剂,能够成功地将甲基咪唑溴化铵通过化学反应连接到石墨烯片层结构上。这种改性后的石墨烯由于层间存在静电斥力作用,能够在水中以及 *N*,*N*- 二甲基甲酰胺、*N*- 甲基吡咯烷酮等溶剂中实现稳定分散。为了保证在改性过程中石墨烯原有的二维结构不被破坏,科研人员提出了原子转移自由基聚合技术。这一技术允许在石墨烯表面直接生长出聚合物链,已成功应用于在石墨烯表面接枝苯乙烯或丙烯酸丁酯等单体。有机化学改性石墨烯技术已日趋成熟,广泛应用于功能材料和高分子复合材料的研发。然而,相对而言,经过改性的石墨烯在金属基复合材料领域的应用还较为有限。

1.1.2 磁性固相材料

(1)磁性固相萃取技术原理

磁性固相萃取技术是一种创新的样品前处理手段,它巧妙地融合了传统的固相萃取技术和磁性材料特性。此方法的核心在于选用磁性纳米粒子作为吸附介质,这些纳米粒子无需填充于固相萃取柱内,而是在样品溶液中均匀分散并高效吸附目标物质。一旦外加磁场,磁性吸附剂就能够迅速从溶液中分离并回收,极大地提升了萃取效率并简化了操作步骤。目前,以 Fe_3O_4 为基础的功能化磁性纳米材料因其优异的磁响应性能和较低的制备成本,在磁性固相萃取领域得到了迅猛发展和广泛应用。相较于传统固相萃取法,磁性固相萃取法操作简便,省去了复杂的过柱步骤;磁性吸附剂不仅易于制备,且具有可重复使用性,大幅度减少了分析材料成本;此外,该方法萃取过程环保无毒,减少了对有机溶剂的依赖,有效降低了潜在环境污染风险;更重要的是,根据待检测样品中目标分子或离子的不同,可以灵活设计和制备具有针对性的磁性吸附材料。由于磁性固相萃取法拥有众多传统方法无法比拟的优势,故其在环境、食品、生物医学等领域样品预处理过程中的应用日益普及,且取得了良好的效果。展望未来,随着磁性固相萃取技术的持续进步,研发具有更高选择性和吸附效能的新型吸附剂、拓展样品应用范围、发展自动化和高通量萃取设备,以及提升分析方法的灵敏度、精确度和再现性等方面将成为该领域的重要发展方向和研究课题。随着技术的不断成熟和完善,磁性固相萃取法将在样品预处理领域的研究和应用中展现更加广阔的发展前景。

(2)磁性固相萃取剂的类型

磁性固相萃取剂的设计构建主要包括磁性纳米粒子核心和功能性表面层两部分,其中,铁、钴、镍及其氧化物或复合物常常作为磁性纳米粒子的首选,因为它们表现出优越的铁磁性或超顺磁性特征。尤其值得一提的是,四氧化三铁(Fe_3O_4)磁性纳米粒子由于其制备方法简易、成本经济、比表面积大且生物相容性良好,在当前磁性固相萃取研究领域中占据了重要地位。

Fe_3O_4 磁性纳米粒子的常见制备方法包括以下几种。

①水热法或溶剂热法

这一方法的基本流程是将含三价铁离子的水溶液与适量化学还原剂按特定比例混合后置于水热反应釜中，在设定的高温条件下反应一段时间，随后对反应釜内的生成物进行分离、洗涤和干燥等一系列后处理步骤，最终获得 Fe_3O_4 纳米粒子。该方法可通过精密调控反应条件，如反应温度、反应时间、溶剂种类、反应物比例和浓度等因素，制备出具有各异结构特性和性能表现的 Fe_3O_4 产品。

②化学共沉淀法

此法首先将二价和三价铁离子化合物分别溶解于水中配成溶液，接着将这两者按照一定的摩尔比均匀混合，利用碱性物质作为沉淀剂，促使混合液中的二价和三价铁离子共同沉淀转化成 Fe_3O_4。完成沉淀后，再经洗涤和干燥处理，即可得到 Fe_3O_4 磁性纳米粒子。

③溶胶—凝胶法

该方法起始于将含 Fe^{3+} 的水溶液溶解于醇类溶剂（如乙醇）中，通过调整反应时间和反应体系温度，可以制备出形态多样的 Fe_3O_4 磁性纳米粒子。采用溶胶—凝胶法制备出的 Fe_3O_4 产物具有纯度高、粒径均匀的特点，同时保持着较高的化学活性。

（3）聚合物功能化磁性固相萃取剂的制备方法

①溶胶—凝胶法

溶胶—凝胶法作为一种早期广泛应用在纳米材料合成领域的技术手段，其基本流程是首先将金属盐溶解于包含聚合物单体的溶液体系中，在此环境下，金属盐经历水解反应的同时，聚合物单体发生聚合反应，两者同步进行的结果是金属纳米粒子在聚合物链之间相互交织，形成三维网络结构。随后，该体系经过干燥过程形成湿凝胶状态，进一步通过彻底的热处理步骤去除湿凝胶内部的溶剂，由此获得固体状纳米材料产物。该方法之所以备受青睐，是因为其能够制备出粒径分布均匀、纯度较高且颗粒尺寸较小的高质量纳米材料。但在采用溶胶—凝胶法制备过程中，选用的无机金属化合物前驱体不仅可能成本较高，还通常具有一定毒性。此外，所使用的共溶剂对聚合物溶解性能的影响也会限制聚合物种类的选择范围，成为该方法应用时的一个制约因素。

②直接共混法

直接共混法是一种将聚合物与磁性纳米粒子通过直接混合、沉积及蒸发等步骤制备成复合材料的方法。这种方法被认为是制备具有聚合物功能化磁性纳米材料最为简便的途径，适用于各种形态的纳米粒子。相较于溶胶—凝胶法，直接共混法的操作更为简易。直接共混法的优点在于，纳米粒子的合成和最终聚合物功能化磁性纳米材料的制备可以分阶段独立进行，这为精准调控纳米粒子的尺寸、形态及其物理化学性质提供了便利条件。该方法亦存在局限性，即在混合反应物料时，那些具有较高表面能的纳米粒子容易发生自发团聚现象。为克服这一问题，在混合过程中必须采用额外的分散技术，例如对纳米粒子进行表面改性处理，借助表面活性剂降低粒子间的相互吸引力，或者通过超声波分散等方式，确保纳米粒子在混合过程中保持良好的分散状态，以避免团聚现象的发生。

③单体聚合法

单体聚合法是指在含有聚合物单体和无机纳米粒子的混合液体系中添加稳定剂和引发剂，诱导单体发生聚合反应，进而生成聚合物包裹或结合纳米粒子的复合材料。采用单体聚合法来合成聚合物功能化磁性纳米材料时，主要涉及悬浮聚合、分散聚合以及乳液聚合这三种关键技术路径。

悬浮聚合过程中形成的复合物，其粒径尺寸分布通常较宽泛，意味着粒子大小差异较大；分散聚合虽然也是一个途径，但由于纳米粒子在溶液中容易发生团聚效应，使得这种方法在实践中并不常被采用；相比之下，乳液聚合技术在维持纳米粒子分散稳定性方面具有优势，其聚合反应过程较为可控，有利于生成粒径均一、性能稳定的复合材料。

在实际的合成操作中，无论是采用上述何种聚合方法，预先对无机纳米粒子进行表面活性改性通常是必不可少的步骤，旨在通过增强纳米粒子与聚合物单体之间的相互作用力，从而改进最终复合材料的性能。这意味着需要通过特定的表面改性技术，提高纳米粒子与聚合物界面的亲和性，确保在聚合反应中二者能够紧密结合并形成高效的复合结构。

④原位生成法

原位生成法制备聚合物—金属或金属化合物纳米复合材料的过程主要包括以下步骤：首先，将包含金属离子或金属纳米粒子前驱体的溶液与已经经历了初级聚合反应生成的聚合物分子链混合。在此阶段，确保金属前驱体溶液能有效地渗透并均匀地分布到由聚合物低聚物构建的胶束内部结构中。通过向该混合体系中加入适当的引发剂或者通过外部条件如温度提升等方式,触发一系列化学反应,如氧化还原反应、硫化反应或水解反应。这些反应将在聚合物基质中原位生成纯净的金属纳米粒子、金属硫化物纳米粒子或金属氧化物纳米粒子,并且这些纳米粒子能够在聚合物网络中实现均匀分散状态,由此形成具有特定功能的聚合物基复合材料。

(4)应用领域

在重金属污染控制领域,工业化进程的加速导致了诸如电镀、金属冶炼、化工合成及皮革印染等行业在运作过程中释放大量重金属至大气、土壤及水环境的问题。相较于有机污染物,重金属离子不具备易生物降解性,可在自然界长期存在并通过各种途径进入水生态系统及生物体内累积,从而对生物体造成潜在毒性效应。Fe_3O_4 磁性纳米粒子因其高比表面积、低毒性、制备简易及成本经济等优点备受关注,并且因其卓越的磁响应性,可通过外加磁场方便地从溶液中分离回收,故在水处理研究及应用上具有巨大潜力。通过表面改性和功能化技术增强 Fe_3O_4 纳米粒子的性能,可以开发出高性能的功能化磁性固相萃取剂。例如,通过修饰纤维素和壳聚糖于 Fe_3O_4 纳米粒子表面,能大幅提升对 Cu^{2+}、Pb^{2+} 和 Fe^{2+} 的吸附能力,其中对 Fe^{2+} 的最高吸附容量可达 94.2mg/g。此外,采用多步法制备的双层 SiO_2 包覆 Fe_3O_4 纳米粒子(即 Fe_3O_4@SiO_2@SiO_2-SH 材料),这种磁性固相萃取剂不仅具备超顺磁性、较高的比表面积和丰富的活性吸附点,尤其对 Hg^{2+} 显示出优异的吸附性能。另外,经氧化聚合得到的聚罗丹明涂层覆盖于 Fe_3O_4 纳米粒子表面,制备出的磁性固相萃取剂可高效去除废水中的 Hg^{2+}、Cd^{2+} 和 Cr^{3+},并展现出良好的再生使用性能。

在有机污染物治理方面,随着农药及工业化学品的大规模生产和广泛应用,众多有机污染物持续涌入大气、土壤和水资源中。尤其是石油化工副产物如多环芳烃、多氯联苯和双酚 A 等芳香族化合物,因其具有类似激素的作用而干扰人体正常代谢过程,对神经系统和免疫系统产生潜在危害,并能在生物体内蓄积并通过食物链逐级放大,最终威胁人类健康。鉴于磁性固相萃取技术的显著优势,它在环境有机污染物的检测和前期处理中得到了广泛应用。

在生物磁分离领域,磁性固相萃取技术有力地促进了从医学和生物学样本中精准高效地分离目标生物大分子或蛋白质结构。当前,科研人员研发出具有良好生物兼容性的纳米材料,通过在其表面接枝含氨基、羧基或巯基等功能性官能团的有机分子或聚合物层,形成了有机功能化的磁性固相吸附剂。这类吸附剂在生物化学分析、免疫测定、基因物质纯化以及药理学等多个生物医学和生物工程技术领域发挥着重要作用,并展现出极为广阔的应用前景。

1.1.3 磁性液相材料

1.1.3.1 磁性离子液体

磁性离子液体(Magnetic Ionic Liquid, MIL)是一种兼具磁性和离子液体特性的新型材料,它的结构中含有具有磁响应性的离子成分,同时又保持了离子液体的基本属性。磁性离子液体的特性表现为电导性能优越、化学稳定性强,且具备良好的可再生性和循环使用性。这些独特的性质使其在诸多领域展现出应用潜力,例如催化反应、磁性质子交换膜技术、磁性阴离子交换膜的制备等。磁性离子液体凭借其磁性与离子液体的双重功能性,为解决相关科学和技术难题提供了新的解决方案和思路。

在磁性离子液体的研究中,磁性离子液体的制备合成是至关重要的一环。东京大学 Nguyen 团队合成了可以黏附在高强磁铁上,并且呈现出顺磁性特征的离子液体,他们第一次提出了“磁性离子液体”的概念,但与其性质相似的离子液体早在 20 世纪就已经被成功合成,只是其磁性没有得到足够的关注,从而缺乏进一步研究。随着磁性离子液体的研究不断深入,比较常见的合成方法有一步合成法、两步合成法和辅助合成法,各种方法的使用条件不同,两步合成法是目前使用最为广泛的磁性离子液体合成方法。

一步合成法主要通过亲核试剂叔胺和酸发生中和反应,或者咪唑、吡啶、吡咯等亲核试剂与羧酸酯、硫酸酯、季磷酯等酯类物质发生亲核反应一步生成所设计的离子液体。该方法最大的优势是操作简单,产物相对稳定且易于纯化,但能够采取一步合成法合成的磁性离子液体种类比较有限,且产物品质偏低。

在合成磁性离子液体时,若无法直接使用一步合成法获得目标产物,则需要采用两步合成法来制备。两步合成法是通过先合成中间体,再采取进一步反应制备目标磁性离子液体。此方法能够弥补一步合成法合成磁性离子液体种类偏少的不足,是目前最为常用的合成方法。通常,首先通过叔胺和卤代烃发生季胺化反应得到卤化物的中间体,然后加入含有目标磁性离子液体阴离子的金属盐,置换中间体中的卤离子,从而得到最终产物。在反应过程中,必须密切关注反应是否完全,并确保目标磁性离子液体中不存在卤离子残留。这是因为磁性离子液体的纯度对其理化性质具有重大影响。

通过一步合成法和两步合成法制备得到的磁性离子液体,往往存在一些缺陷,例如,反应时间偏长、需要大量有机溶剂作为反应介质和洗涤纯化剂、反应产率相对较低、能源消耗较大等。这些问题会对磁性离子液体的应用推广产生不利影响。随着对磁性离子液体研究的不断深入,通过外场强化的辅助合成手段取得了新的进展,其中微波辅助法、超声辅助法、电化学辅助法应用较为广泛。强化合成法的显著优势在于可以大幅缩短反应时间,提高合成效率,且目标产物的产率和纯度并未降低。

1.1.3.2 离子液体磁性材料的应用

(1)生物胺类化学污染物预处理

牛奶中含有丰富的蛋白质,部分乳酸菌可分泌氨基酸脱羧酶将氨基酸分解为胺类物质,生物胺就是其中之一。适量的生物胺对人体有益,而过量的生物胺会对人体产生危害,甚至危害生命。研究发现,采用磁性离子液体结合微波辅助衍生化分散液—液微萃取和高效液相色谱方法,可以测定牛奶样品中的痕量生物胺,具有高效、准确、灵敏等优点,对于测定不同种类化合物的大量样品的常规分析具有很大的潜力。发酵食品除了含有蛋白质、碳水化合物等有机成分外,还含有生物胺等化学性污染物。磁性离子液体因其独特的理化性质和可调的化学结构,对于发酵食品中的痕量生物胺具有较好的选择性。生物胺也是影响发酵食品安全性的重要因素之一,在体内高水平积聚可导致毒性。有研究开发了基于磁性离子液体和高效液相色谱相结合的萃取方法,以及微波辅助分散液—液微萃取和高效液相色谱结合的方法用于葡萄酒、啤酒中生物胺的检测，该方法具有高效、快速、环保等优点，磁性离子液体表现出良好的疏水性。

（2）药物类化学污染物预处理

药物类污染物作为新污染物中的一类，已在多种介质中被检出，对生态环境和食品安全产生巨大影响。现代农业生产过程中的农药使用，导致牛奶可能存在药物残留，能够影响牛奶中环境雌激素的形成，这类雌激素在加工过程中会丢失，但不会完全消除，若含量过高，可能导致儿童早熟、老年人发生乳腺或妇科肿瘤等疾病。研究发现，磁性离子液体可用于牛奶中雌激素的分离和浓缩，该方法具有高效、视觉可识别性，无水解迹象等优点。这些优点使磁性离子液体在雌激素的检测和提取中取得良好效果。此外，为了提高奶牛抗病能力，提升奶牛生产性能，会在饲料中添加磺胺类添加剂，从而导致在挤奶前，牛奶中可能就存在磺胺类药物。有研究开发了一种磁性离子液体分散液—液微萃取和高效液相色谱的方法，实现牛奶中痕量磺胺类药物的分离和富集，该方法成功应用于同时检测牛奶样品中5种磺胺类药物。除磺胺类添加剂外，氟喹诺酮类药物因其独特的抗菌效果，被广泛用于家畜的疾病防治中，氟喹诺酮类药物残留通过家畜类食物进入人体，对人体具有一定的副作用，会造成过敏、中毒，甚至致癌、致畸等严重后果，因此牛奶中氟喹诺酮药物残留问题引起人们广泛关注。有研究发现，采用苄基功能化磁性离子液体和分散液—液微萃取的方法，通过引入氟喹诺酮芳香族的官能团，验证出磁性离子液体对氟喹诺酮类药物的确具有选择性和萃取能力，并将该方法成功应用于牛奶当中氟喹诺酮类药物的检测，且该方法具有萃取效率高、回收率高等优点。除此之外，磁性离子液体还能预富集牛奶中的氟喹诺酮类抗生素，具有实验效果好、精密度高、回收率高等优点。还有研究表明，一种温敏磁性离子液体水相双相体系和高效液相色谱的方法也被用于萃取牛奶中的喹诺酮类药物，该方法检测灵敏度高，为食品和饮料中极微量目标分析物的高灵敏度检测提供了帮助。同时，也能有效地解决牛奶中所存在的抗生素问题。有研究结果表明，磁性离子液体结合涡流辅助分散液—液微萃取方法并结合洗脱处理，可以实现抗生素的富集，该方法具有高精密度、回收率高等优点，对于保障人体健康具有重要意义。

1.1.3.3 磁性聚合离子液体

磁性聚合离子液体(Magnetic Polymeric Ionic Liquid)集成了离子液体单体和聚合物的双重优势,在常态下通常以固态形式存在。这一特性赋予磁性聚合离子液体聚合物般的稳定性,即耐热性、耐化学腐蚀性良好,同时,由于其聚合物结构,使得改性过程变得相对容易,可通过化学修饰实现对其性质的精准调控。此外,由于其固态特性以及磁响应性,磁性聚合离子液体在分离过程中展示出明显优势,可通过外加磁场方便快捷地进行分离和回收。

1.2 有机污染物

1.2.1 生物胺类物质

1.2.1.1 生物胺的定义与分类

生物胺是一类源于微生物氨基酸脱羧反应产生的低分子量含氮有机化合物,这些微生物包括但不限于细菌、酵母和霉菌,但并非所有食品中存在的微生物都天然具备氨基酸脱羧酶活性。不同微生物所含有的氨基酸脱羧酶种类和活性各异,因此通过氨基酸脱羧作用产生的生物胺种类也各有区别。根据化学结构特征,生物胺可以科学地划分为三大类:一类是芳香族胺,代表性的有苯乙胺和酪胺;另一类是脂肪族胺,主要包括精胺、尸胺、腐胺和亚精胺;最后一类是杂环族胺,其中包括组胺和色胺等。这些生物胺在食品中因微生物代谢过程而产生,其种类和含量直接影响食品的安全性和品质。

1.2.1.2 生物胺的形成机制

食品中生物胺的存在可根据其来源细分为两种不同的生成机制和过程:首先是内源生物胺,这部分生物胺原本就存在于食材原料之中,它们主要是通过醛酮类化合物与氨基的结合反应(氨基化)以及氨基酸间的氨基转移反应(转氨基作用)自然生成;其次是外源生物胺,这类生物胺是在食品储存和加工阶段后期产生的,这一过程中,食品中的蛋白质在蛋白酶和肽酶的催化作用下逐步降解为氨基酸,随后,在适宜条件下,尤其是受到微生物所产生的氨基酸脱羧酶作用时,氨基酸会经历脱羧反应等一系列化学变化,从而形成生物胺。这一过程受到多个重要因素的影响,包括食品的成熟时间、pH 环境、包装方式、储存温度以及是否添加了特定的食品添加剂等。

1.2.1.3 生物胺的生理活性和危害

在人体生理活动中,生物胺作为一种关键的活性激素或神经递质,对于生物活性细胞的功能实现具有重要作用。适量的生物胺摄取对于维持身体正常的代谢活动、增强免疫功能至关重要。然而,生物胺浓度过高会对机体产生毒性效应,干扰正常的生理机能,可能导致一系列不适症状,如昏厥、休克,极端情况下可危及生命。尸胺在特定条件下,如与亚硝酸盐接触,会进一步转化为更具毒性的亚硝胺类物质。苯乙胺的过量可能会加剧组胺受体处的毒性反应。组胺因其毒性较强,能与细胞膜上特异性的受体相互作用,诱发诸如眩晕、恶心、昏厥、血压升高等症状,严重时还可能引发神经系统的中毒症状,表现为头痛、头晕、心悸、胸闷以及面部潮红等症状。大肠杆菌属的一些菌种能够产生色胺,该物质与哮喘发作、血压上升以及消化系统紊乱的发生有关。乳杆菌属和木糖葡萄球菌属的部分菌株能产生 β- 苯乙胺,这种物质通过降低神经系统中的去甲肾上腺素水平,可能导致高血压和偏头痛。乳酸片球菌属和金黄色葡萄球菌属的某些菌株所产生的精胺,则可能参与癌症的发生、肿瘤的侵袭与转移过程。大肠杆菌属、肉毒杆菌属、乳球菌属等菌群能够产生酪胺,酪胺摄入过量易诱发偏头痛、神经系统疾病,并伴随呕吐和高血压等症状。而志贺氏菌属、短乳杆菌属、假单胞菌属、埃希氏菌属等菌属中的一些菌种产生的腐胺,则与心跳加速、高血压等病症相关,并且具有一定的致癌性。

1.2.1.4 生物胺的限量标准

生物胺的毒性与其在人体内的摄入量、与其他生物胺的协同作用以及个体肠道生理状况、胺氧化酶活性等多种因素密切相关，这些复杂性使得制定生物胺的安全限量标准颇具挑战性，至今国际上尚未建立统一的限量阈值。尽管如此，一些国家和地区的监管机构已经制定了相应的指导限值。例如，美国食品药品监督管理局（FDA）对食品中的生物胺设立了浓度上限，规定组胺的浓度不应超过 50mg/kg，酪胺的浓度不应超过 100mg/kg，苯乙胺的浓度应低于 30mg/kg。欧洲食品安全局（EFSA）建议，每日摄取不超过 50mg 的组胺和 600mg 的酪胺不会对人体健康构成风险。与此同时，加拿大的鱼类检测标准则规定，鱼露产品中的组胺浓度应低于 200mg/L。在中国，依据 GB2733—2015《食品安全国家标准　鲜、冻动物性水产品》的规定，对于高组胺鱼类和其他海水鱼类，其组胺浓度分别不应超过 40mg/100g 和 20mg/100g。不过，目前中国尚未对酿造调味品以及其他食品中生物胺的具体含量设定法定限量标准。

1.2.1.5 食品中生物胺的检测方法

（1）色谱技术

色谱分析法是现今测定有机化合物最为普遍和重要的检测技术手段，据统计，全球 80% 以上的化合物都可以通过色谱技术得以定性和定量分析。对于大多数生物胺，特别是不含自然发光基团和荧光活性的生物胺种类，为了能够有效地在色谱仪器上实现检测，通常需要经过衍生化处理，即将生物胺转化为具有合适检测特性的衍生物。常用的生物胺衍生化试剂包括丹磺酰氯、苯甲酰氯和邻苯二醛等。根据衍生反应发生在色谱分离过程的前后位置，衍生化方法可以被划分为两类：柱前衍生化和柱后衍生化。其中，丹磺酰氯和苯甲酰氯常被应用于生物胺的柱前衍生过程，即在样品注入色谱柱之前进行化学反应，将生物胺转变为易于检测的衍生物；而邻苯二醛主要用于柱后衍生化，即在样品经过色谱柱分离之后，再与生物胺反应生成荧光或具有其他检测信号的衍生物，以便于后续检测和定量分析。

（2）拉曼光谱技术

拉曼光谱技术依赖于拉曼散射效应原理，这是一种通过检测与入射光频率存在差异的散射光谱，以此揭示并解析样品内部的分子振动和转动信息，进而服务于分子结构解析的科学研究手段。运用拉曼光谱分析时，通常无需复杂的样品预处理程序，具备非破坏性检测的核心优势。此外，拉曼光谱分析还体现出了检测速度快、效率高以及灵敏度优良的特点，在众多领域中得以广泛应用。

（3）酶联免疫技术

酶联免疫技术（Enzyme-linked Immunosorbent Assay，ELISA）主要利用了酶标记的抗原或抗体与样品中对应的抗体或抗原发生特异性免疫结合，形成免疫复合物。这种复合物中的酶保持活性，当加入特定的酶反应底物后，酶能够催化底物转化为有色产物。产生的有色产物的量与样品中靶向抗体或抗原的浓度成正比关系，因此可以根据颜色的深浅程度来进行定性或定量的检测分析。酶联免疫检测技术以其检测速度快、操作简便、检测限低的特点著称，但它对所使用的试剂具有高度的选择性要求，也就是说，不同的酶标记抗体只能识别并结合特定的抗原。此外，该技术存在对结构相似化合物的交叉反应问题，即一种抗体可能与结构相近但不同的抗原发生非特异性结合，从而限制了它在同一检测体系中同时测定多种不同目标物质的能力。

（4）分子印迹技术

分子印迹技术是一种借助于分子印迹聚合物实现对特定目标分子进行精准识别和选择性吸附的技术手段。该技术的聚合物具有专一性结合能力，能够特异地识别并结合预先设定的印迹分子，同时具备易于制备、化学稳定性好的特点。然而，这一技术的局限性在于，每一个分子印迹聚合物只能针对一个特定的分子进行结合，不具备同时检测多种不同物质的能力，因此，该技术更适合应用于对单一目标分子的快速筛选与鉴定。

（5）传感器技术

传感器工作原理主要依赖于敏感元件对欲测信息的感知，该元件能够捕捉到被测量的变化。转换元件则依据特定的转换机制，将感知到的物理、化学或生物信息转变成电信号或其他便于传输和处理的形式输出。变换电路进一步对这些信号进行放大处理，以满足对特定物质进行选择性、精确分析的需求。传感器技术的典型特征表现在微型化、数字化和智能化等方面。在生物胺检测领域,研发制造专门的传感器是一项简洁且快速的检测手段,适用于大规模、高通量的生物胺分析。然而,此类传感器在实际应用中普遍存在一定的局限性,比如制作出的传感器重现性通常欠佳,其长期稳定性也有待进一步提升和优化。

1.2.2 双酚类物质

1.2.2.1 双酚类物质的简介

双酚类化合物的核心结构特征为包含两个相连的苯环单元,其分子差异主要体现在苯环上取代基的不同,从而衍生出一系列与双酚 A (BPA)类似的化合物,包括但不限于双酚 B、双酚 C、双酚 E、双酚 F (BPF)、双酚 G 和双酚 S (BPS)等。此外,还有通过卤素取代形成的卤代衍生物,如四溴双酚 A 和四氯双酚 A,以及通过氟原子取代形成的氟化衍生物,如六氟双酚 A 等。随着对双酚 A 的生产和应用限制措施的实施,其他双酚类物质在工业生产中扮演的角色愈发凸显,被广泛应用在塑料、树脂、涂料、黏合剂和防腐剂等各种工业制品的制造过程中。这些双酚类物质在全球环境介质(如水、土壤、沉积物)、野生动植物体内以及人体中均有检测到痕量至微量的存在。双酚类物质作为常见的内分泌干扰物质,主要通过口服摄入、呼吸吸入以及皮肤接触等途径进入生物体,进入体内后,它们有可能通过干扰内分泌系统的正常信号传递、干扰生殖系统的发育和功能、影响神经系统的稳态等方式对生物体健康产生潜在不利影响。

1.2.2.2 双酚类物质在工业生产中的应用

双酚 A 作为一种无类固醇核的人工合成雌激素,虽未被发现具有药物用途,却在塑料合成工业中找到了广阔的用途。1957 年,通用电气公司揭示了双酚 A 聚合后可以生成一种坚硬的塑料——聚碳酸酯,此后该材料被大规模地应用于饮料瓶、食品容器等包装制品的制造。随科技进步,双酚 A 在更多消费品中被广泛应用,涵盖儿童玩具、各类塑料制品、电子产品外壳、牙科用密封材料、光学镜片、医疗器械等众多领域,一度成为全球产量最大的化学品之一。当双酚 A 在工业应用中因其潜在环境和健康风险遭遇严格的法规限制后,业界开始寻找替代品。其中,双酚 S 和双酚 F 在制备环氧树脂和聚碳酸酯等材料的工艺中逐渐替代了双酚 A 的位置。尤其是双酚 S 因其出色的热稳定性和光稳定性,目前在工业中广泛应用,不仅作为固色剂使用,还在农药、染料和助剂生产过程中作为中间体发挥作用。同时,叔丁基(tert-butyl)四溴双酚 A(TBBPA)和三氯双酚 A(TCBPA)也在环氧树脂和聚碳酸酯等材料的生产中作为双酚 A 的替代品,而且 TBBPA 和 TCBPA 是全球产量最大、应用最广泛的卤代阻燃剂品种,由于其卓越的阻燃效果和相对较低的价格,占据阻燃剂市场的主要份额。此外,双酚 AF(BPAF)除了作为双酚 A 的替代品外,还被用作氟橡胶的硫化促进剂,参与到含氟橡胶的生产过程中,并且可以作为制造电子材料和塑料光纤等高端复合材料的单体成分。

1.2.2.3 双酚类物质的危害

双酚 A 是一种具有双苯环和双羟基结构的化学物质,其分子结构特征使其能够与雌激素受体发生相互作用。动物实验研究表明,即使在人类正常环境暴露剂量下,BPA 也能对雌性小鼠胚胎发育过程中的子宫内膜 DNA 合成及孕激素受体表达产生影响;在雄性小鼠胚胎发育中,BPA 可引起前列腺背外侧导管数量和体积的显著增加,同时干扰下丘脑前腹侧室周核的性别分化功能。此外,人体实验也揭示了 BPA 能够改变正常男性的激素水平,降低精子的活动性,并可能影响人体内部雌激素相关基因的表达。双酚类化合物已被广泛检出于环境介质、野生动物及人类群体中。这些物质主要通过经口摄入、呼吸道吸入及皮肤接触等途径进入生物体内,并通过干扰内分泌系统、生殖系统和神经系统的正常功能,对人类健康构成潜在威胁。因此,深入研究 BPA 及其他双酚类物质的生物学效应及其作用机制,对于评估其环境健康风险具有重要意义。

1.2.2.4 双酚类化合物的生物代谢机理

双酚 F、双酚 S 和双酚 AF 是作为双酚 A 的替代品,在聚碳酸酯和环氧树脂生产中得到广泛应用的化学物质。BPF 在工业上可用于制造清漆、衬垫、黏合剂、塑料管道以及牙科密封剂、口腔修复装置、组织替代品和食品包装涂层。BPS则应用于环氧树脂胶、罐头涂料、热敏纸的生产，同时亦作为染料和鞣剂的添加剂。BPAF主要作为氟橡胶、电子及光纤材料中的交联剂，以及用于聚酰亚胺、聚碳酸酯等特种聚合物的高性能单体。这些双酚类化合物（BPs）在环境水体、饮用水以及生物体内的检出率和浓度呈现上升趋势，导致人类暴露于BPs的风险不断增加。值得注意的是，这些BPs并非完全无害。研究显示，BPS具有潜在的内分泌干扰效应，而BPF则表现出轻度至中度的急性毒性和较弱的雌激素活性。更令人关切的是，BPs在人体内可经历复杂的生物代谢过程，转化为多种代谢产物，这些代谢产物可能具有未知的毒性效应，因此对人类健康的影响不容忽视。因此，对这些BPs的环境行为、生物学效应及其潜在的健康风险进行深入研究，对于评估和制定相应的风险管理措施具有重要意义。

体外代谢实验研究流程通常涉及将双酚类物质（BPs）与混合的细胞色素P450（CYP450）酶系统（如人肝微粒体HLMs和S9系统）或特定类型的CYP450酶（如重组酶）及辅因子烟酰胺腺嘌呤二核苷酸磷酸（NADPH）共同孵育，经过一定时间后，通过分析来测定代谢产物。而体内代谢实验研究方法主要是指通过饲喂含有BPs的食物给实验动物，经过一定时间的喂养后，收集生物样本并分析其中的代谢产物。在这些分析中，液相色谱—质谱联用技术（LC-MS）已成为检测和分析体外代谢产物的常用方法。在LC-MS分析中，质谱图上与分子量相关的分子离子峰是非常关键的信息。在正离子模式下，常见的有M+1峰；在负离子模式下，则有M−1峰。基于执行的质谱检测类型，可以开展包括MS/MS（串联质谱）、MSn（多级质谱）、MSe（电子迁移率光谱）和中性损失等在内的多种质谱实验，以表征代谢产物。通过质谱数据分析，可以直接推断某些代谢物的结构，例如，若芳香环的质量增加15.99个单位，则可推断形成羟基化代谢产物。此外，利用常见的分子碎片数据，还可以对代谢产物的结构进行推断。然而，过分依赖常规碎片模式可能会导致遗漏重要的代谢产物。尽管某些外源性物质的代谢反应可能仅包括羟基化和环氧化等简单过程，但在CYP450酶的催化下，这些物质仍有可能经历复杂的代谢反应，导致生成复杂的代谢产物。在进行质谱分析之前，研究者可以根据对代谢反应化学知识的理解，预测可能发生的代谢反应类型。不过，质谱检测分析技术存在一定的局限性，即它无法准确确定代谢发生的确切位点。为了克服这一限制,可以采用代谢物分离后的结构鉴定技术。

1.2.3 喹诺酮类物质

1.2.3.1 喹诺酮类物质简介

喹诺酮类抗生素是一类人工合成的抗菌药物,其基本结构由 1,4-二氢 -4- 氧代 -3 吡啶羧酸组成,可以有效地抑制细菌的生长和繁殖,从而达到抗菌的目的。喹诺酮类抗生素的分子核心结构由位于 N1 位和 C3 位的羧酸基团构成。通过改变这两个位置的取代基团,并在 C5 至 C8 位引入不同的取代基团,可以合成出多样的喹诺酮衍生物。在这些取代基团中,N1 位上的取代基对药物的生物活性和水溶性具有显著影响。例如,将氨基引入 C5 位能够增强药物的吸收能力和组织分布;而在 C6 位引入氟原子则可以显著提高抗菌活性。C7 位的结构变化会影响药物的药代动力学特性、作用强度及抗菌谱范围;同样,C8 位的取代基团除了对药物的药代动力学产生影响外,也会对抗菌谱造成影响。因此,在喹诺酮类抗生素的药物设计和研发过程中,应重视对 N1、C7 和 C8 位取代基团的优化,以及 C5 至 C8 位上不同取代基团的引入,以期获得更优的药效学特性和临床治疗效果。1962 年,第一种喹诺酮类抗生素诞生,随后四代喹诺酮类抗生素相继推出,其中第一代萘啶酸由于容易出现耐药性,疗效不佳,使得其应用范围相对较小。然而,随着第二代、第三代、第四代喹诺酮抗生素的出现,其抗菌谱得到了进一步的拓展,临床效果也日益显著。喹诺酮类抗生素因其丰富的类型、较高的稳定性、广泛的抗菌范围、优异的生物利用率、较强的渗透性以及较低的副作用,已被广泛地应用于预防和治疗各类人类及动物的疾病中。

1.2.3.2 喹诺酮类抗生素的来源及残留

长期过量地使用喹诺酮类抗生素已经造成它们在生活及环境中几乎无处不在,包括动物性食品、水资源和土壤中。它们主要是由人类活动产生,通过畜牧养殖、日常活动和废物排放等方式造成环境和食品中抗生素的残留,进而对生态环境和人体健康造成严重的危害。医院是人类使用喹诺酮类抗生素的重要场所，其排放的污染物对环境造成了严重的污染。根据不同的地理条件，如床位分布、气候变化、服药习惯和医疗卫生状况，喹诺酮类抗生素的残留量会有所差异。随着畜牧业和水产业的发展，喹诺酮类抗生素的消费量也在不断增加，这些药物的排放也成了环境污染的重要来源，从而导致了严重的环境及健康问题。人类的自身活动和社会活动也是造成喹诺酮类抗生素残留的因素之一。如人类活动所产生的固体垃圾，工业制药、医疗和养殖等行为所排放的有害物质，都会使喹诺酮类抗生素在水体、土壤等不同的环境介质中进行积累，严重破坏当地的生态平衡。

喹诺酮类抗生素是一种普遍存在的化学药剂，它可以通过多种途径被人类摄入，从而对人类健康造成危害。2009—2019 年，喹诺酮类抗生素的残留量呈现出明显的增加趋势，这种现象可能与多种因素有关，如地表水、沉积物、土壤和地下水等。

1.2.3.3 喹诺酮类抗生素的危害

喹诺酮类抗生素会对土壤和沉积物中的微生物造成严重的影响，恩诺沙星（Enrofloxacin，ENR）残留浓度低对其多样性影响不大，但 ENR 残留高却会显著影响微生物多样性，这表明，随着药物浓度的增加，土壤中的微生物多样性会相应减少。很明显，喹诺酮类抗生素会降低微生物多样性。长时间暴露在喹诺酮类抗生素污染的环境中，不仅会对淡水和海洋沉积物的微生物群落结构产生不利影响，还会引发其他的生态问题。此外，这些药物还能够引发细菌的耐药性，从而使得它们具有抗药性，并且这种耐药性还能够通过传播和扩散，给生态系统带来严重的危害，甚至危及人类的健康。

喹诺酮类抗生素可能会危害动植物，尤其是 ENR 的浓度过高，会严重影响蔬菜如菜豆、萝卜、香瓜等的正常发育，甚至会导致死亡。过度使用环丙沙星（Ciprofloxacin，CIP）可能会影响植物的光合作用，并引发外观的异常。此外，由于动物的消化道中含有各种各样的微生物，这些微生物的种类和数量通常保持稳定。然而，如果人们滥用抗生素，这些对抗生素敏感的微生物的数量将会急剧下降，甚至死亡，这将打乱微生物之间的相互制约关系，破坏微生物的平衡，促进不耐药的细菌的快速增长，最终导致细菌的灭绝，从而诱发新的感染。抗生素不仅可以有效地消灭病原微生物，还可能抑制一些有益菌的生长和繁殖，这可能会导致动物消化系统的功能失常，从而引发多种消化道疾病，甚至可能危及其生命安全。此外，一些喹诺酮类抗生素（如CIP）浓度过高会对水生动植物造成一定危害，如神经系统损伤、肝脏损伤和毒性作用等。

喹诺酮类抗生素可能会对人体产生潜在的危害，如过量CIP会引发人体氧化应激反应。长期摄入残留喹诺酮类抗生素的食物的人群容易出现耐药性、过敏等不良反应，甚至可能引发更严重的健康问题，如畸形、癌症和突变。

1.2.3.4 氟喹诺酮类抗生素在污水处理厂中去除途径

氟喹诺酮类（FQs）抗生素在污水处理厂中的去除主要依赖于活性污泥的生物降解作用和吸附作用，且不同污水处理技术的去除效率存在显著差异。相较于其他类别的抗生素，氟喹诺酮类抗生素更易于被污泥吸附，因此在污泥中的检出频率较高。特别是氧氟沙星和诺氟沙星两种抗生素，在污泥中的最高检出浓度分别高达24760mg/kg和5610mg/kg。鉴于此，减少污泥中氟喹诺酮类抗生素的浓度，对于保护生态环境、防止抗生素抗性基因的传播具有重要意义，这也成为环境保护领域中亟须解决的问题。因此，开发和优化污水处理技术，以降低污泥中FQs抗生素的残留浓度，是当前环境科学研究和工程实践中的一个重要方向。

（1）FQs抗生素的理化性质

FQs抗生素通常呈白色或淡黄色粉末状固体，它们具有较高的化学稳定性和生物稳定性，因此不易通过生物降解途径在环境中被去除。FQs抗生素在水中和乙醇中的溶解度较低，但在碱性和酸性水溶液中可以表现出一定的溶解性。此外，FQs抗生素的盐类形式在水中具有较好的溶解性。在环境中，FQs抗生素主要以母体化合物的形式存在，其释放到环境中的比例可高达70.0%。FQs抗生素的分子结构中含有带正电荷的氮原子或二甲氨基团，这使得它们易于通过静电作用、质子化胺的阳离子交换以及二价离子吸附等方式，与带负电荷的生物污泥表面发生相互作用，从而导致FQs抗生素在污泥中的吸附作用增强。此外，FQs抗生素分子中的羧基赋予了它们酸性特性，而碱性氮原子则赋予了它们碱性特性，因此这类药物具有酸碱两性的特性。这种两性特性使得FQs抗生素在不同环境条件下的环境行为和生态风险具有复杂性，需要通过深入研究其环境归趋和生态效应,以评估其对生态系统的潜在影响,并采取相应的污染控制措施。

(2)不同处理工艺的去除率

当前,多数污水处理厂主要采用生物处理技术来降解污水中的有机物,包括 FQs 抗生素。这一过程主要依赖活性污泥系统中的微生物,通过吸附、吸收等机制将 FQs 抗生素固定于微生物细胞表面。不同种类的微生物利用其固有的代谢途径对 FQs 抗生素进行分解和转化。通过微生物产生的酶作用和氧化作用, FQs 抗生素的分子结构被裂解为较小的有机化合物或二氧化碳(CO_2),同时释放出相应的代谢产物。在不同的污水处理工艺中, CASS(周期循环活性污泥系统)工艺对三种 FQs 抗生素的平均去除率较高,均达到 75% 以上。氧化沟工艺的平均去除率超过 62%。就单一抗生素的去除效果而言,MBR(膜生物反应器)工艺对氧氟沙星展现出最高的去除效率,平均去除率高达 90%,且具有较小的标准差,表明其去除效果较为稳定。对于诺氟沙星, CASS 和 AO(厌氧—好氧工艺)工艺的去除率较高,分别为 71.03% ~ 92.91% 和 75.1% ~ 78%。而生物滤池工艺则对环丙沙星表现出较高的去除效率。这些结果表明,不同的污水处理工艺对 FQs 抗生素的去除效果存在差异,且各工艺有其特定的优势和适用条件。因此,选择合适的处理工艺对于提高 FQs 抗生素的去除效率、减少其对环境的潜在影响具有重要意义。未来的研究和实践应进一步探索和优化这些工艺,以实现更高效和稳定的 FQs 抗生素去除效果。

(3)污泥中 FQs 抗生素的去除途径

污泥吸附是 FQs 抗生素在环境中迁移转化和微生物利用的主要机制。该过程不改变 FQs 原有的分子结构,也不会减少其总量,而是将 FQs 从水相转移到污泥相中。

①好氧堆肥技术

好氧堆肥是一种微生物驱动的生物处理过程,旨在将有机废弃物转化为稳定的腐殖质。在此过程中,FQs 抗生素可被微生物分解为小分子量的化合物,甚至完全矿化为无害物质。不同种类的 FQs 抗生素在堆肥化过程中的降解效率存在差异。以脱水污泥和木屑为堆肥原料,研究了 FQs 在中温阶段和高温阶段的去除效果。堆肥方式的不同对 FQs 抗生素的降解效果有显著影响。例如,在通风静态垛的堆肥方式下,诺氟沙星(NOR)和氧氟沙星(OFL)的最佳去除率分别可达 95% 和 91%。

去除机制主要包括微生物降解和堆肥过程中形成的腐殖质及污泥中铁铝水合氧化物对FQs抗生素的化学吸附。此外，通过优化堆肥参数，如提升温度和增加湿度，可进一步促进FQs抗生素的降解。超高温好氧发酵和高温好氧发酵对NOR的去除率分别为91.8%和92.1%，而超高温好氧发酵能显著提升OFL的去除率，并有效降低降解产物氧氟沙星脱乙基的含量。

②高级氧化技术（AOPs）

高级氧化技术通过产生具有强氧化性的反应性物质（如活性自由基）来降解废水中的抗生素，将其转化为小分子有机物或无机物。FQs抗生素的降解过程包括羧酸键断裂、与哌嗪基连接的乙基断裂、环丙基和氟键断裂、哌嗪环开环等。常见的AOPs技术包括光解和光催化降解、臭氧氧化、过硫酸盐氧化以及芬顿和类芬顿氧化技术。

③热解制炭技术

热解制炭是一种将有机物在无氧或低氧条件下加热至高温，使其分解为小分子如炭、水蒸气和二氧化碳的热化学处理方法。在热解过程中，抗生素的有机结构被破坏，分解为低分子量的化合物，并最终转化为无害物质。热解制炭技术具有操作简便、无需添加化学试剂、能耗低等优点，是一种新兴的有机污染物处理技术。

1.2.4　拟除虫菊酯类物质

1.2.4.1　拟除虫菊酯类物质的简介

拟除虫菊酯（Pyrethroids，PYRs）是一类广泛使用的仿生合成杀虫剂，具有显著的触杀作用，部分品种还具有胃毒或熏蒸作用，但不具有内吸作用。其杀虫机制主要是通过干扰昆虫神经系统的正常生理功能，导致昆虫兴奋、痉挛直至麻痹死亡。由于其快速杀虫的特性，拟除虫菊酯被广泛应用于农业及卫生领域的害虫防治。国内外已合成的拟除虫菊酯类化合物多达数十种，根据其化学结构的差异，可以分为不含α-氰基的Ⅰ型和含有α-氰基的Ⅱ型。相较于传统的有机氯、有机磷和氨基甲酸酯类杀虫剂，拟除虫菊酯的杀虫效力提高了10～100倍。然而，拟除虫菊酯也可能通过食物链进入人体，并在体内积累，长期遭受此类暴露可能有致癌、致畸、致突变等健康风险。急性中毒症状主要涉及神经系统和皮肤，表现为恶心、呕吐、反应迟钝、乏力、运动失调、心悸，严重时可出现全身性兴奋和惊厥。拟除虫菊酯分为天然和合成两大类，合成品又分为光不稳定型和光稳定型。这类化合物的化学结构复杂，存在旋光异构体或顺反式立体异构体。合成生产工艺步骤繁多，对原料的质量及操作过程的控制要求极为严格，属于典型的精细化工有机合成范畴。因此，拟除虫菊酯的生产和使用需严格遵守安全规范，以减少对环境和人体健康的潜在影响。

1.2.4.2 溴氰菊酯

溴氰菊酯，作为拟除虫菊酯类杀虫剂的一种，其化学式为 $C_{22}H_{19}Br_2NO_3$，通常呈白色斜方针状晶体。该化合物在常温下几乎不溶于水，但能溶于多种有机溶剂，对光和空气具有较好的稳定性。在酸性环境中化学性质稳定，而在碱性环境中则不稳定。溴氰菊酯是菊酯类杀虫剂中对昆虫毒性最强的一种，主要具有触杀和胃毒作用，其触杀作用发挥迅速，击倒力强，但不具有熏蒸和内吸作用。在较高浓度下，溴氰菊酯对某些害虫还具有驱避作用，且持效期较长，一般为 7 ～ 12 天。溴氰菊酯可配制成乳油或可湿性粉剂，属于中等毒性的杀虫剂。其杀虫谱广泛，能有效防控鳞翅目、直翅目、缨翅目、半翅目、双翅目和鞘翅目等多种害虫，但对螨类、介壳虫、盲蝽象等的防控效果较差或无效，且可能刺激螨类繁殖。因此，在虫螨并发时，建议与专用杀螨剂混合使用。

溴氰菊酯属于中等毒性化学品。当达到一定浓度的净含量后，皮肤接触可能引起刺激症状，表现为红色丘疹。在急性中毒情况下，轻度中毒者可能出现头痛、头晕、恶心、呕吐、食欲缺乏和乏力等症状；重度中毒者则可能出现肌束震颤和抽搐。溴氰菊酯对人的皮肤和眼黏膜具有刺激性，并对鱼类和蜜蜂具有剧毒。此外，对滴滴涕（DDT）产生抗药性的昆虫，对溴氰菊酯也可能表现出交叉抗药性。因此，在农业生产中使用溴氰菊酯时，应严格遵守安全操作规程，以减少对环境和人体健康的潜在风险。

1.2.4.3　氟氯氰菊酯

氟氯氰菊酯是拟除虫菊酯类农药的一种，该类别的农药通常具有环境稳定性强、自然降解速度缓慢以及在加工过程中降解率低的特性。氟氯氰菊酯的半衰期大约在4～16周。当这类农药通过喷洒方式进入环境后，它们能够耐受雨水的冲刷，可能导致食物中的农药残留以及土壤污染问题。尽管如此，土壤中的微生物能够参与氟氯氰菊酯的降解过程。氟氯氰菊酯属于神经毒性农药，它具备触杀和胃毒两种作用方式。其主要作用靶点是中枢神经系统的锥体外系统、小脑、脊髓以及周围神经系统。目前普遍认为，氟氯氰菊酯的作用机制是通过选择性地减缓神经膜上的钠离子通道的关闭速度，导致钠离子通道保持在开放状态，从而使得去极化过程延长。这种效应会引起周围神经系统出现重复的动作电位，导致肌肉持续性收缩。随着时间的推移，肌肉的持续收缩最终会转变为抑制状态。因此，氟氯氰菊酯的毒性临床表现主要以神经系统的症状为主，这包括由于神经系统过度兴奋导致的一系列症状。了解氟氯氰菊酯的这些特性对于评估其环境风险、制定相应的安全使用措施以及开发更安全的替代品具有重要意义。在使用过程中，应当采取适当的管理措施以减少其对环境和人体健康的潜在影响。

1.2.4.4　拟除虫菊酯类农药在环境和农产品中的残留现状

（1）拟除虫菊酯类农药在环境中的残留现状

PYRs对土壤的污染会对土壤中的微生物数量和菌群、原生动物群落的种类及数量有不同程度的影响。同时，还会直接或间接影响土壤中酶的活性。土壤中PYRs的残留检出率较为普遍，PYRs进入水环境的主要途径有农田排水、大气沉降、土壤地表径流和渗透。

（2）拟除虫菊酯类农药对农产品的残留现状

PYRs由人类活动排放到环境中，在不同的环境介质中进行传输。通过不断传输和蓄积，在动、植物性食品中均有不同程度残留，检出率较普遍（5%～100%）且少数超标，不仅可能会影响产品品质还会威胁到人类的身体健康。目前在国内外农产品中检出的10多种PYRs中，氟氯氰菊酯检出率是最高的。由于PYRs是亲脂性的，因此它们极易直接进入鱼的鳃和血液。调查发现草鱼的内脏和鳃中都含有甲氰菊酯残留,并且内脏中的残留浓度是鳃中的22.7倍。尽管如此,严格的政府监管会有效地减少农残超标的现象,并且暴露于一定除害剂水平下的居民也不一定会产生明显的健康问题。然而这些农药可以不断富集通过直接或间接的方式进入人体,检测其残留量或报告安全范围并不能保证食品安全,所以应对农药进行更严格的监管,以保证仅在必要时以风险较小的方法使用农药。

1.2.4.5 微生物对拟除虫菊酯类农药的代谢方式

(1)生物吸附

生物吸附是活的或死的生物体及其成分的一种特性,因吸附量大且可以避免新的有毒副产物产生,被认为是一种更安全的方法。又由于PYRs的强疏水性,使其与菌株接触不良,进而使得生物吸附能力比较低,所以可以选择适合接触并属于环境友好型的生物表面活性剂(Biosurfactants, BS)来提高生物吸附能力进而促进生物降解。

(2)生物降解

共代谢最初被称为共氧化,是生物降解的主要方式,即微生物在以某种基质为碳源和能源生长时,能同时代谢农药等化合物,但不能以农药作为唯一的碳源和能源。但以共代谢方式作用的菌株不能完全矿化农药。通常,土壤环境中的混合菌株比单一菌株具有更强的农药降解能力,尤其是具有菌丝体结构的微生物菌株,不仅自身可以降解农药,其菌丝结构还能刺激其他微生物的生长和生物活性的表达,从而提高降解效果。

1.2.5 邻苯二甲酸酯类物质

1.2.5.1 邻苯二甲酸酯类物质的简介

邻苯二甲酸酯(Phthalic Acid Esters, PAEs)是一类人工合成的芳香族化合物,通常呈无色液体状,是邻苯二甲酸与不同醇反应生成的酯类化合物的总称。PAEs包含多种化合物,其中较为常见的有邻苯二甲酸二乙酯(DEP)、邻苯二甲酸二甲酯(DMP)、邻苯二甲酸二异丁酯

(DIBP)、邻苯二甲酸丁基苄基酯(BBP)、邻苯二甲酸二丁酯(DBP)、邻苯二甲酸二(2-乙基己基)酯(DEHP)以及邻苯二甲酸二正辛酯(DOP)等。欧洲联盟(EU)已经将包括邻苯二甲酸双(2-甲氧基乙基)酯(DMEP)、DEHP、DBP、邻苯二甲酸双异戊酯(DIPP)、BBP、DIBP、邻苯二甲酸二壬酯(DNPP)和邻苯二甲酸二己酯(DHP)在内的多种邻苯二甲酸酯列为具有生殖毒性的物质。国际癌症研究机构(IARC)也将部分PAEs归类为2B类致癌物质。对此,中国也制定并出台了相应的限制政策。PAEs通常是挥发性低、黏度较高的液体,具有特殊的气味,在水中难溶或不溶,但可溶于大多数有机溶剂。它们的熔点较低,毒性较低。对于PAEs的不同同系物,随着侧链烷基碳链长度的增加,其脂溶性和沸点也随之升高,这影响了它们的物理化学性质和环境行为。由于PAEs的广泛应用以及其潜在的健康风险,对它们的环境排放、人体暴露以及生态效应进行深入研究,并制定相应的风险管理措施,对于保护公共健康和环境安全具有重要意义。

1.2.5.2 邻苯二甲酸酯的危害

研究已经证实,邻苯二甲酸酯是一类具有内分泌干扰特性的化学物质。根据PAEs分子中烃链的长度,它们可以被分类为低分子量PAEs和高分子量PAEs。相关研究发现,相比于低分子量PAEs,高分子量PAEs的毒性相对较低。PAEs可以通过多个途径进入动物和人体内,包括经口腔黏膜吸收、通过呼吸道吸入以及经皮肤直接接触。这些途径可能会对动物和人类健康造成潜在伤害。由于PAEs的广泛使用和环境持久性,它们在生物体内的积累以及对内分泌系统的干扰作用引起了科学界和公众的高度关注。内分泌干扰物可能会模拟或干扰人体内的激素信号,影响生殖、发育和行为等生理过程。因此,深入研究PAEs的暴露途径、毒性机制和健康风险,对于制定有效的预防措施和风险管理策略至关重要。

(1)生殖发育毒性

大量动物实验结果表明,PAEs在生殖发育的敏感时期具有显著干扰效果,能够引起雄性激素信号的紊乱,从而影响生殖细胞的结构和功能。对于雌性生殖系统,PAEs主要影响卵巢功能和雌激素水平的表达。PAEs的环境污染还可能导致女性出现排卵障碍、青春期提前以及妊娠期的异常变化。此外，PAEs具有穿透胎盘屏障的能力，对发育中的胚胎构成潜在毒性，可能影响胎儿的正常发育。PAEs的污染还与孕妇早产风险的增加以及婴儿出生体重的降低有关。这些发现提示了PAEs对人类生殖健康和发育的潜在风险，强调了对PAEs环境暴露进行严格控制的重要性。因此，为了保护公共健康，需要对PAEs的环境行为、人体暴露途径以及其对生殖健康的影响进行深入研究。同时，应加强监管措施，减少PAEs在消费者产品中的使用，以降低人体对这些潜在内分泌干扰物的暴露风险。

（2）致癌性

由于PAEs具有异源雌激素的活性，它们与多种癌症的发生有关，包括肝癌、皮肤癌、胃肠道癌以及女性乳腺癌。PAEs通过干扰内分泌系统，模拟或干扰体内雌激素的正常作用，可能导致细胞增殖失控，增加癌症风险。在乳腺疾病方面，PAEs能够损伤动物和人类乳腺上皮细胞中的DNA，引起乳腺组织中的基因组不稳定，这可能促进癌变过程的发生。研究表明，PAEs的内分泌干扰作用可能会通过多种机制影响乳腺细胞的生物学行为，包括影响细胞周期调控、促进细胞增殖、抑制细胞凋亡以及诱导细胞遗传物质的突变。这些变化可能导致乳腺组织的病理改变，增加乳腺疾病的风险。因此，PAEs的环境和职业暴露评估、健康风险管理以及减少人体对这些化学物质的接触，是当前公共卫生领域亟需关注的问题。需要进一步的研究来阐明PAEs诱导乳腺疾病和癌症的具体分子机制，以便为制定有效的预防措施提供科学依据。

（3）其他毒性

研究表明，儿童的智商水平、言语理解能力、逻辑推理能力以及神经系统的正常发育，与他们在胎儿期接触到的邻苯二甲酸酯类化合物存在负相关关系。即孕期暴露于PAEs的程度越高，儿童上述各方面的能力或健康状况受到不利影响的可能性越大。在神经科学研究范畴内，长期暴露于PAEs的人体，其神经系统功能可能会遭受一定的损伤效应，具体表现可包括记忆力减退和易于产生焦虑情绪等症状。此外，高分子形态的PAEs与成人的某些过敏反应和呼吸系统疾病有关联，例如诱发过敏性哮喘、引发皮肤瘙痒性皮疹和湿疹等。这一关联主要体现在PAEs能够提升生物体内的氧化应激状态，并促进炎症相关细胞因子的释放，进而对气道产生不良影响，增加罹患气道疾病的风险。

1.2.6　磺胺类物质

1.2.6.1　磺胺类药物的简介

磺胺类药物作为一种人工合成的抗菌药物，自从近五十年开始应用于临床以来，一直以其抗菌谱广泛、化学性质稳定、用药便捷及生产过程中无需消耗粮食资源等特点著称。特别是在1969年，随着抗菌增效剂甲氧苄啶（Trimethoprim，TMP）的发现，磺胺类药物与TMP联合使用后，能够显著增强原有的抗菌活性，并扩大了其在临床上的治疗适应症范围。即使在抗生素种类不断增多的情况下，磺胺类药物依然因其独特的药理学特性及增强效果而在化学疗法中占据重要地位，继续发挥着不可或缺的作用。

1.2.6.2　抗菌作用

磺胺类药物对一系列微生物具有抑制生长或杀灭作用，涵盖了许多革兰氏阳性菌种及部分革兰氏阴性菌种，还包括诺卡氏菌属、衣原体属等多种病原微生物，以及某些寄生性原虫如疟原虫和阿米巴原虫。在革兰氏阳性菌中，链球菌和肺炎球菌对磺胺类药物表现出高度敏感；而葡萄球菌和产气荚膜梭菌对磺胺类药物的敏感性则居于中等程度。对于革兰氏阴性菌，脑膜炎球菌、大肠杆菌、变形杆菌、痢疾杆菌、肺炎克雷伯菌和鼠疫杆菌等菌株同样显示出一定的敏感性。然而，磺胺类药物对抗病毒、螺旋体及锥虫等微生物无效，且对某些病原体如立克次氏体不仅没有抑制作用，反而有可能促进其繁殖。通常认为，不同磺胺类药物之间的抗菌效力差异主要体现在效力强度上，而非本质抗菌机制的不同。也就是说，对某一特定类型细菌具有最高抗菌活性的磺胺药物，往往对其他类型细菌也同样具有较强的抗菌效果。

1.2.6.3 抗菌机理

细菌不具备直接摄取外界环境中游离叶酸的能力，其生长所需叶酸的合成途径依赖于内部代谢过程。细菌利用胞内外存在的对氨基苯甲酸（Para-aminobenzoic Acid，PABA）、二氢喋啶（Dihydropteroate）以及谷氨酸等底物，在细菌细胞内由二氢叶酸合成酶（Dihydrofolate Synthase）催化，经过一系列生化反应合成二氢叶酸。随后，二氢叶酸在另一种酶——二氢叶酸还原酶（Dihydrofolate Reductase）的作用下被还原为四氢叶酸（Tetrahydrofolate，THF）。四氢叶酸作为一种辅酶，在一碳单位转移酶系中起着至关重要的作用，参与嘌呤、嘧啶这两种核酸前体物质的合成，而这两种物质又是构成细菌 DNA 和 RNA 所必不可少的部分。磺胺类药物的分子结构与对氨基苯甲酸极为相似，这种结构上的相似性使得磺胺药能够与对氨基苯甲酸在二氢叶酸合成酶的竞争性结合中占据一席之地，从而干扰和抑制二氢叶酸的正常合成过程。由于二氢叶酸合成受阻，细菌无法合成足够的四氢叶酸，进而影响其核酸合成，导致细菌生长和繁殖活动受限。需要注意的是，磺胺类药物仅仅是抑制细菌的生长，不具备直接杀死细菌的作用（即杀菌作用），因此，要彻底清除体内的病原菌，最终仍需依赖宿主自身的免疫防御系统发挥作用。

1.2.6.4 毒性作用

难吸收的磺胺药物因其生物利用度较低，通常情况下不会引发较多的不良反应。以下是一些磺胺药物常见的不良反应。

（1）过敏反应

最常见的不良反应是皮疹和药物引起的发热（药热）。此类过敏现象通常在给药后第 5 ～ 9 天出现，特别是在儿童群体中尤为常见。鉴于磺胺类药物之间的结构相似性，一旦患者对某种磺胺药产生过敏反应，意味着对其他磺胺药物也可能存在交叉过敏风险，因此，在发生过敏后更换其他磺胺药物并不安全。长效磺胺药物由于其高血浆蛋白结合率，即使停药后数日内，血液中仍可能残留药物成分，这就大大增加了过敏或其他不良反应的风险。

（2）肾脏损害

磺胺类药物中的乙酰化代谢产物在尿液 pH 偏低（偏酸）时，溶解度较低，容易在肾小管内形成结晶，进而可能导致血尿、尿路疼痛、尿潴留等症状。

（3）对造血系统的影响

磺胺药物具有抑制骨髓生成白细胞的功能，可能导致白细胞计数减少，偶尔可观察到粒细胞缺乏症，不过在停药后多数情况下白细胞数量可恢复正常。长期使用磺胺药物治疗的患者应定期进行血常规检查。

（4）特殊人群的不良反应

对于先天性缺乏 6- 磷酸葡萄糖脱氢酶（G6PD）的个体，磺胺药物可能会引起溶血性贫血。此外，磺胺药物能够透过胎盘屏障进入胎儿血液循环，通过与游离胆红素竞争血浆蛋白结合位点，增加游离胆红素浓度，从而可能导致新生儿核黄疸。因此，磺胺药对孕妇、新生儿，尤其是早产儿的应用应当谨慎，尽可能避免使用。

1.2.7　性激素类物质

1.2.7.1　性激素类物质的简介

性激素，作为一类具有重要调控功能的内分泌信号分子，其化学本质是脂溶性的甾体化合物，归属于脂质类别。这些激素主要由动物体内的性腺（例如雌性动物的卵巢和雄性动物的睾丸）以及胎盘、肾上腺皮质网状带等组织负责合成和分泌。性激素的核心生理功能包括促进性器官的发育成熟、激发并维持副性征的形成，以及调控性功能的正常运行。在雌性动物体内，卵巢主要分泌两种关键的性激素：雌激素和孕激素，它们在月经周期调控、卵泡发育、妊娠维持等方面发挥着不可或缺的作用。而在雄性动物体内，睾丸主要分泌以睾酮为主的雄性激素，对男性性征发育、精子生成及维持正常的性欲和生育能力至关重要。从化学结构的角度划分，性激素属于甾体激素家族，这是激素分类的第一大类，其中包含了肾上腺皮质激素以及其他多种性激素。第二大类激素为氨基酸衍生物，这类激素的代表性成员包括甲状腺素、肾上腺髓质分泌的儿茶酚胺类激素以及松果体产生的褪黑激素等。此外，还有第三类激素，其结构基础为肽链或蛋白质，例如下丘脑分泌的神经激素、垂体前叶和后叶产生的多种促激素、调节消化系统的胃肠激素，以及控制钙代谢的降钙素等。这一类激素虽然不属于甾体类脂质激素，但在整个内分泌系统中同样扮演着重要的角色。

1.2.7.2 功能

性激素因其高度的专一性，在生理调控中表现出显著的选择性特征，这种专一性可从两个层面理解：组织专一性和效应专一性。组织专一性指的是激素作用的对象仅限于特定类型的细胞、组织或器官，即只有含有相应激素受体的靶细胞才能响应激素信号。效应专一性则意味着激素在发挥作用时，能针对性地调节细胞内某一特定代谢途径的关键环节，而不影响所有代谢过程。在分子层面上，性激素如同其他甾体类激素一样，通过与细胞膜渗透性允许的脂溶性特点，得以借助自由扩散的方式穿越细胞膜进入胞浆内部。一旦进入胞浆，性激素会与特定的胞浆受体蛋白结合，形成稳定的激素—受体复合物。该复合物经过构象变化并脱离热休克蛋白的束缚，从而获得向细胞核内转移的能力。进入细胞核后，激素与位于核内的另一种受体形式即核受体结合，形成激素—核受体复合物。这一复合物与DNA上的特定位点相互作用，通常是在激素反应元件（HRE）区域，通过调控基因表达的转录过程，激活或抑制相关基因的转录活性。转录后的产物是具有特定序列的mRNA分子，它们随后被转运到胞浆中的核糖体上进行翻译，最终产生相应的蛋白质产物。这些由性激素调控合成的蛋白质参与到一系列复杂的细胞代谢活动、生长进程和分化调控之中，进而实现激素对机体生长发育、性别特征维持、生殖功能调节等一系列生物学效应的精确控制。

1.2.7.3 分泌调节

性激素的分泌遵循一种内在的周期性规律，这是生物体针对地球物理环境周期性变化（例如光照周期、温度变化等）以及对社会生活环境长期进化适应的结果。这种适应机制使得性激素的合成与释放表现为明显的阶段性和周期性变化，体现在血液中就是激素浓度随时间呈现出日间、月相甚至季节性的动态波动。性激素进入血液循环系统后，存在两种基本形式：一部分以游离态直接在血液中循环，这部分激素具有生物活性，可以直接作用于靶细胞；另一部分则与血浆蛋白形成非共价键结合，形成结合型激素，这是一个可逆过程。具体而言，血液中的性激素浓度由两部分组成，即游离型激素和与血浆蛋白结合的激素。不同种类的性激素会选择性地与特定的血浆蛋白结合，其结合比例因激素类型的不同而各异。结合型激素由于与蛋白质结合，肝脏对其代谢过程较慢，并且肾脏的清除率相对较低，这延长了激素在体内的半衰期，使其能够在血液中保持更长时间的有效浓度，因而可以视为激素在血液中的一个暂时存储池。血液中性激素的浓度作为衡量内分泌腺功能状态的重要指标，通常在体内维持在一个相对恒定的水平。若血液中某种激素浓度过高，可能提示相应内分泌腺或组织功能过于活跃或亢进；相反，如果激素浓度过低，则可能反映该内分泌腺或组织功能减退或不全。通过监测血液中激素浓度的变化，有助于评估和诊断内分泌系统的健康状况及其相关疾病。

1.3　有机污染物常见的检测方法

1.3.1　液—液萃取技术

液—液萃取法作为一种经典的样品预处理技术，其基本原理在于向待分析的液态样品中添加与其不完全互溶（或仅微溶）的第二种溶剂。基于目标化合物在两种溶剂体系中不同的分配系数特性，使得目标分析物能够在两相之间发生不均匀分布，从而有效地从复杂的液相样品背景中分离和提取出来。液—液萃取法因其操作步骤相对直接，对痕量物质具有较低的检测限，并且能够获得较高的分离纯度和测定精度，因此在众多领域中被广泛应用，成为一种不可或缺的分离与浓缩技术手段。

1.3.2　固相萃取技术

固相萃取是一种基于吸附原理的样品预处理技术，其中吸附剂作为固定相，当包含目标物的流动相流经固定相时，由于吸附作用，特定的痕量目标化合物会滞留在吸附剂表面。整个固相萃取过程可科学地概括为四个关键步骤：首先是固定相的活化阶段，确保吸附剂处于适宜的工作状态并去除杂质；其次是上样步骤，即将样品溶液通过吸附柱，使目标物吸附在固定相上；接着是淋洗环节，通过选择性地使用溶剂冲洗吸附柱，有效去除潜在的干扰物质，进一步纯化目标物；最后是洗脱步骤，利用合适的选择性溶剂将目标物从吸附剂上高效地解吸下来，实现目标物的有效富集和纯化。相较于其他的萃取技术，固相萃取法在处理含有复杂基质的样品时展现出更强的干扰消除能力，有助于提高目标化合物的回收率，而且此方法在溶剂消耗方面更为经济。然而，值得注意的是，固相萃取通常需要使用专门设计的萃取柱，这类器材的成本相对较高。

1.3.3 固相微萃取技术

固相微萃取技术（Solid Phase Microextraction，SPME）是一种综合性的样品前处理技术，将采样、萃取、浓缩以及直接进样分析等功能整合于一体。根据其操作模式的不同，固相微萃取可以划分为浸渍式（direct immersion）和顶空式（headspace）两种类型。相较于传统的样品前处理方法，SPME 技术表现出显著的优势，如不依赖有机溶剂进行萃取，设备结构简洁，操作步骤简化，可以直接将萃取后的样品送入分析仪器，同时具备良好的重现性和成本效益。然而，固相微萃取法也存在适用范围上的局限性，对于那些极性差异较小或者难以通过物理化学相互作用有效区分的物质，可能无法高效而完全地实现分离。此外，该技术还面临诸如萃取器件寿命有限、萃取涂层容易因反复使用而磨损损耗等问题。目前，在检测邻苯二甲酸酯类化合物（Phthalate Esters，PAEs）的过程中，固相微萃取技术常常与先进的色谱技术如气相色谱（Gas Chromatography，GC）、液相色谱（Liquid Chromatography，LC）乃至质谱（Mass Spectrometry，MS）联用，以提高检测灵敏度和准确性，适应复杂样品的分析需求。

1.3.4 色谱分析

色谱分析技术是针对环境中和食品样本中邻苯二甲酸酯类化合物（PAEs）进行测定的关键手段之一，涵盖了多种分析方法，如分光光度法、荧光光谱法、傅里叶变换红外光谱法以及色谱与质谱联用法等。尽管分光光度法和荧光光谱法也能提供一定的定性和定量信息，但在 PAEs 的实际检测中，由于它们在精确度和灵敏度方面的局限性，较少被优先选用。相比之下，气相色谱法（GC）、液相色谱法（HPLC）及其与质谱法（MS）的联合应用，即色谱—质谱联用技术（如 GC-MS 或 HPLC-MS），则更为广泛地被采纳为 PAEs 检测的标准和常规方法。这些方法凭借其出色的分离能力和高灵敏度，在 PAEs 复杂基质中的准确定性和定量分析中扮演着核心角色。

1.3.5　气相色谱—质谱联用法

气相色谱—质谱联用技术（GC-MS）巧妙地融合了气相色谱法（Gas Chromatography, GC）在化合物分离上的高分辨率优势与质谱法（Mass Spectrometry, MS）在检测灵敏度上的卓越性能。这种有机结合克服了单纯运用气相色谱法时可能遇到的重现性与稳定性问题，从而极大地提升了对复杂混合物中各组分的分离效能和定性准确度。换言之，GC-MS 技术通过互补两者优点，实现了对目标化合物更加精细、可靠和高效的识别与分析。

1.3.6　液相色谱—质谱联用法

液相色谱—质谱联用技术（LC-MS）整合了高效液相色谱（High Performance Liquid Chromatography, HPLC）在处理非挥发性、热不稳定样品时的高效分离能力，以及质谱（Mass Spectrometry, MS）在检测灵敏度、特异性和提供化合物精确分子质量及结构信息等方面的特长。这一集成技术拓宽了检测的物质种类范围，尤其对于那些不适合气相色谱分析条件下的复杂样品，如极性较大、高温下易分解或不易气化的化合物，液相色谱—质谱联用（LC-MS）能够实现有效的分离与识别，从而填补了气相色谱—质谱联用技术（GC-MS）在某些物质分析上的空白。简而言之，LC-MS 技术通过对 HPLC 和 MS 各自优势的融合，提高了对各类样品特别是气相色谱难以处理样品的检测能力和解析度。

第2章　新型三维碳基材料的构建及其对痕量有机污染物分离富集的应用

2.1　三维多孔碳笼的构建及其在喹诺酮类药物分析中的应用

2.1.1　引言

近年来,用于治疗感染的喹诺酮类消炎药(FQs)已经被广泛应用于畜牧业、人类医学和水产养殖业[1,2,3]。此外FQs还被用作冰中的添加剂以防止在鱼市上收获的海鲜腐烂。目前,大量应用FQs于水产养殖和畜牧业中已成为重要的食品安全问题之一。人们认为高浓度的FQs的过量使用将会使FQs被残留在肉类食物、禽类食物以及鱼类食物中并进一步通过人们的购买与食用最终被人体所吸收。因此,开展对环境水样及动物源性食品中FQs残留的灵敏检测具有重要意义。如今,各种分析方法已经被提出并用于FQs的测定,例如酶联免疫吸附测定法[4]、液相二级质谱法(LC-MS/MS)[5]、电化学适体传感器法[6]、毛细管电泳—荧光检测法(CE-FLD)[7]、超高液相二级质谱法(UPLC-MS/MS)[8]、高效液相色谱法(HPLC)[9,10]。其中高效液相色谱法因其成本低、鲁棒性强而被广泛应用于FQs的检测。

考虑到实际样品中存在的FQs的浓度是痕量级的,因此在检测前需要用适当的技术对分析物进行分离和预富集。近年来,报道了一系列的用于分离和富集实际样品中残留的FQs的前处理方法,如液—液萃取（LLE）[11]、免疫亲和色谱（IAC）[12]、分散固相萃取（d-SPE）[10]、搅拌棒吸附萃取（SBSE）[9]、固相萃取（SPE）等[10,13-15]。在这些前处理方法当中，d-SPE由于其成本低，耗时少且操作过程简单而成为一种备受欢迎的前处理技术[16]。对于d-SPE来说，开发具有优异吸附能力和高富集性能的新型吸附材料极其重要却也极具挑战性。

近些年，碳基纳米材料已经被广泛地用作吸附剂，如活性炭、碳纳米管[17]、纳米碳纤维[18]、石墨烯[15,19]和3D石墨烯[20]。石墨烯和3D石墨烯凭借其优异的结构与性能在各种碳材料中处于领先地位。此外，它们凭借自身独特的π体系而特别适用于吸附芳族化合物[21]。但石墨烯的实际表面积比理论值低得多，这是石墨烯片层之间的强堆叠性造成的，并且石墨烯的制备工艺复杂、耗时且具有风险性。

因此，开发一种简便的合成方法来制备吸附性能优异的碳基材料是被期望的。

多孔配位网络又称金属—有机骨架（MOFs），因其具有较大的比表面积、超高的孔隙率和化学可调性，引起了科研人员的研究兴趣。近年来，MOF已经被证实是合成各种各样的多孔碳材料的模板和前驱体，并在气体储存[22]、分离[23,24]、电化学[25]、储能[26]、催化[27-29]等领域被广泛应用。由于其具有多样性的结构、较好的纳米级孔隙度、均匀的腔体结构、较大的比表面积等优点，MOF衍生的多孔碳材料在固相萃取方向具有良好的应用前景。然而，利用MOF衍生的碳材料作为吸附剂来测定FQs的报道极其少见[30]。因此，有必要做更多的工作对此领域进行探索。

在此，本研究的主要目的是合成一个具有较高吸附能力的吸附剂——多孔碳笼，它的多孔结构可以促使目标分子接触吸附位点而不受传质限制的影响，与此同时它的石墨碳层对FQs具有较强的吸附能力。本节首先合成了铜基MOF作为前驱体，然后在700℃的N_2气氛下进一步碳化处理后，获得了多孔的Cu@GCC作为富集材料。以Cu@GCC作为吸附剂，采用d-SPE结合HPLC-UV的方式，建立了环境水样及食品样品中四种FQs的分析检测方法。

2.1.2　实验部分

2.1.2.1　实验试剂

洛美沙星（LOM）、诺氟沙星（NOR）、环丙沙星（CIP）和恩诺沙星（ENR）于阿拉丁试剂有限公司（中国上海）获得。*N*, *N*- 二甲基甲酰胺（DMF）、三水合硝酸铜 [$Cu(NO_3)_2 \cdot 3H_2O$]、氧化锌（ZnO）、1,3,5- 均苯三甲酸（H_3BTC）、乙腈（HPLC 级）、甲醇（HPLC 级）于国药集团化学试剂有限公司（中国沈阳）获得。FQs 的储备溶液（1.0g/L）通过含有适量盐酸的甲醇溶液进行配制。实验所用低浓度溶液通过去离子水稀释储备液得到。

2.1.2.2　实验仪器（表 2.1）

表 2.1　实验仪器

仪器名称	型号	厂商
扫描电子显微镜（SEM）	SU8000	日本 HITACHI
透射电子显微镜（TEM）	JEM-2100	日本 JEOL
X 射线粉末衍射仪（XRD）	D5000	德国 Siemens
激光共聚焦显微拉曼光谱（Raman）	LabRAM XploRA	法国 HORIBA
气体吸附分析仪	ASIQ-C	美国 Quantachrome
X 射线光电子能谱（XPS）	ESCALAB 250Xi	美国 Thermo
Zeta 电位仪	Nano-ZS	英国 Malvern
傅里叶变换红外光谱（FT-IR）	5700	美国 Nicolet
高效液相色谱（HPLC）	SPD-16	日本 Shimadzu

2.1.2.3　预富集材料的制备

（1）Cu-MOF 的合成

$Cu_3(BTC)_2$ 的制备方法如前人报道 [31]，将 0.293g ZnO 分散在 24mL 混合溶液（去离子水：DMF=1：2，*v*/*v*）中超声处理 10min，以形成均匀的悬浊液。将 1.740g 的 $Cu(NO_3)_2 \cdot 3H_2O$ 和 0.840g 的

H_3BTC 完全溶解在 24mL 的混合溶液（去离子水：乙醇 =1：2，*v/v*）中，然后在连续搅拌下倒入上述溶液中。搅拌 1min 后，产物被收集，洗涤（乙醇与水）并干燥过夜（70℃），就获得了蓝色的 $Cu_3(BTC)_2$ 粉末。

（2）Cu@GCC 的合成

将上述获得的 $Cu_3(BTC)_2$ 前驱体在 N_2 保护下 700℃煅烧 3h（升温速率为 5℃/min）即可获得 Cu@GCC。MOF 衍生的 3D 多孔 Cu@GCC 的合成示意图如图 2.1 所示。

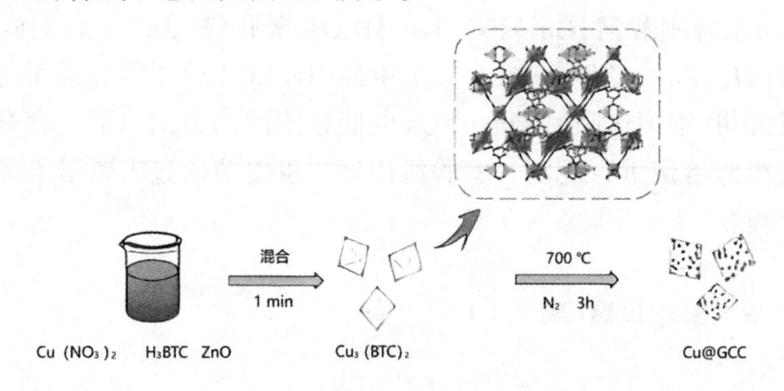

图 2.1 Cu@GCC 的合成过程方案

2.1.2.4 实际样品处理

河水和海水样品过滤后（膜过滤器，0.22μm）存储在 4℃下备用。鸡肉和鱼肉组织从当地超市（中国沈阳）获得并在分析之前保存在 -6℃下。取适量解冻的样品，绞碎并使其均匀化。取样品 10g 放于离心管中，将一系列浓度的 FQs 加入其中，随后加入乙腈 5mL，以 2000r/min 旋涡 1min，超声 5min，以 4000r/min 离心 5min，取上清液转移至另一离心管中，残渣再加乙腈 5mL，重复提取一次，合并上清液，备用。向上述萃取物中加入 10mL 饱和的乙腈—正己烷，振荡 5min 以除去脂肪。然后取出乙腈层并蒸发至干。最后，将残余物用 2mL 甲醇再溶解并通过 0.22μm 滤膜过滤，用二次蒸馏水稀释至 10mL，用于随后的 d-SPE 程序。

2.1.2.5　d-SPE 过程

d-SPE 的过程如图 2.2 所示。在萃取过程中，将 36.0mg 的 Cu@GCC 添加到样品溶液中（水样：150mL；肉类样品：10mL）。将以上混合物在 200r/min 下振荡 30min，随后在 8000r/min 下离心 3min 将 Cu@GCC 与溶液分离。然后将 8.0mL 的 EtOH/NaOH（1mol/L）（7/1，*v/v*）用作洗脱液，在 5℃以振荡的方式将分析物从 Cu@GCC 上洗脱下来。最后，在 N_2 流下将洗脱液蒸发至干，将残余物用 200μL 甲醇（含适当的 HCl）重新溶解，并将回溶液过滤后进行 HPLC 分析。

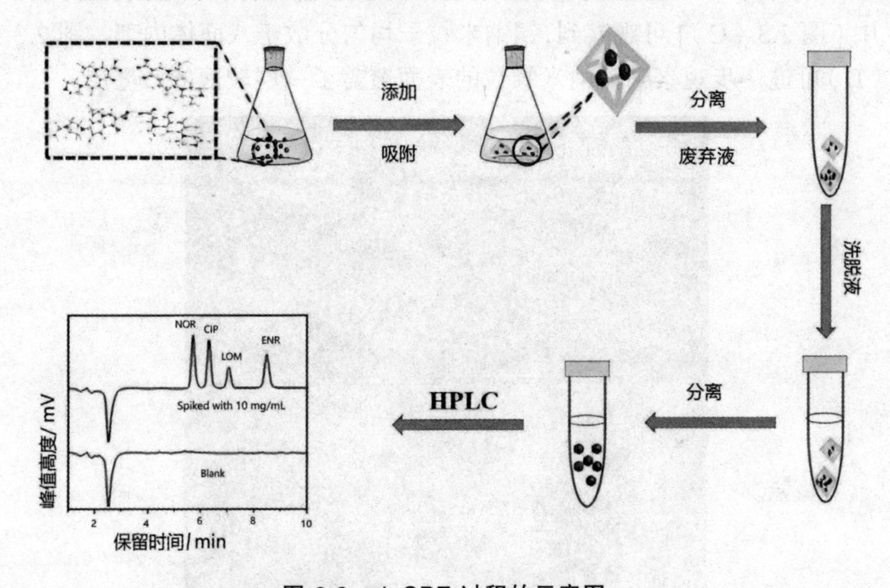

图 2.2　d-SPE 过程的示意图

2.1.2.6　HPLC 分析

HPLC 所用色谱柱为 ODS-SP（150mm × 4.6mm，5μm）并配备紫外检测器。流动相为磷酸三乙胺（0.15%，pH=3 ± 0.1）—乙腈（83/17，*v/v*），并选用等度洗脱模式。流速、进样量、检测波长和柱温，分别设置为 1.0mL/min、20μL、276nm 和 30℃。

2.1.3 结果与讨论

2.1.3.1 材料表征

SEM 图像 [图 2.3（A）] 显示 Cu-MOF 具有直径约为 1μm 的规则八面体结构。如图 2.3（B）所示，通过在 N_2 中的碳化过程，将八面体 Cu-MOF 原位转化为 Cu@GCC，由于其结构具有较好的热稳定性而保持了前体的八面体形貌。除此之外，可以观察到尺寸为 20 ～ 30nm 的 Cu 纳米颗粒由石墨碳的包裹被保留在了八面体框架中。从 TEM 图像中 [图 2.3（C）] 可观察到，铜纳米粒子均匀分散于八面体内部。图 2.3（D）可进一步观察到铜纳米颗粒的表面覆盖了一层较薄的石墨层。

图 2.3 $Cu_3(BTC)_2$ 的 SEM 图像（A）、Cu@GCC SEM（B）和 TEM（C）

通过 XRD 探究了 Cu@GCC 的晶体特征。如图 2.4 所示，分别位于 43.3°、50.4° 和 74.1° 的衍射峰被观察到，这与金属铜（JCPD SNo.04-0836）的（111）（200）和（220）晶面非常吻合，因此证明了在碳化过程中，铜离子被还原为具有良好结晶性的金属铜。此外，在 26.2° 处较宽的衍射峰与石墨碳结构的（002）晶面一致，这充分证明了石墨碳结构在 Cu@GCC 中的存在，并且由于石墨碳的特殊结构能与分析物产生稳定的共轭作用，这将使其成为该材料在吸附 FQs 的过程中不可或缺的角色。此外，图谱基线特别平坦且未检测到其他结晶相的峰，这证明了 Cu@GCC 的高纯度和良好的结晶度。

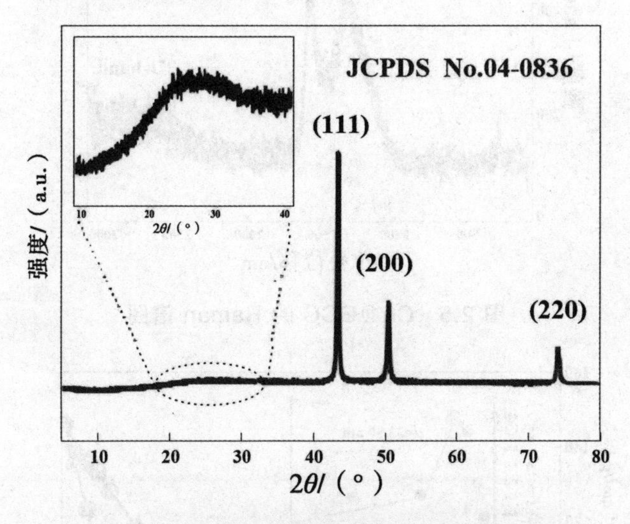

图 2.4　Cu@GCC 的 XRD 谱图

Cu@GCC 的碳结构特征通过拉曼光谱（Raman）进行了探索。如图 2.5 所示，位于 $1340cm^{-1}$、$1596cm^{-1}$、$2780cm^{-1}$ 处的特征峰分别为该材料的 D 带、G 带和 2D 带。D 带是由杂原子、空位或晶界等导致晶体对称性降低的无序诱导的声子模式引起的，G 带是指石墨碳 sp^2 原子的 E_{2g} 声子。2D 带是拉曼光谱中石墨烯的典型特征之一，它的出现与 SEM 显示的石墨碳结构薄层［图 2.3（D）］相互呼应，并证明了 Cu@GCC 的一定程度的石墨化。sp^2 碳的存在使得 Cu@GCC 与 FQs 中的苯环之间形成 π-π 相互作用成为可能。

Cu@GCC 的表面积和孔隙度通过 N_2 吸附 / 解吸分析进行探测。如图 2.6 所示，Cu@GCC 的谱图具有 IV 型等温线（IUPAC 分类），并在 0.4/1.0 的 P/P_0 处有一个长而窄的磁滞回线，这意味着存在足够的介孔。根据 Brunauer-Emmett-Teller（BET）理论，测得 Cu@GCC 的比表面积和平均孔径（从等温线吸附分支获得的孔径分布曲线的最大值）分别为 $224.3m^2/g$ 和 33.57nm。相对较高的比表面积和较大的介孔尺寸可以为吸附目标分析物提供更多的吸附位点和接触空间，这有利于提高吸附材料的萃取效率。

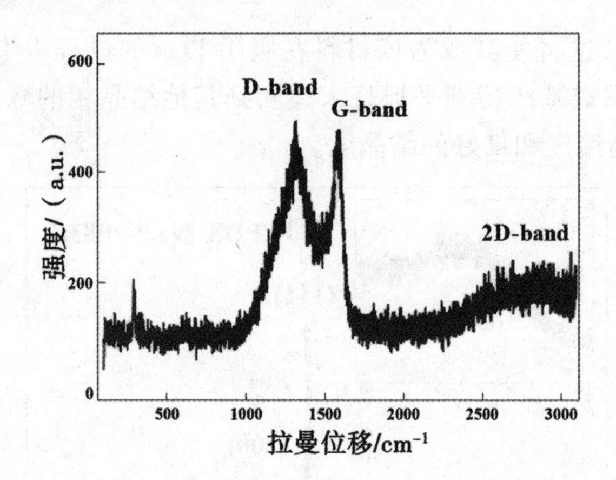

图 2.5 Cu@GCC 的 Raman 谱图

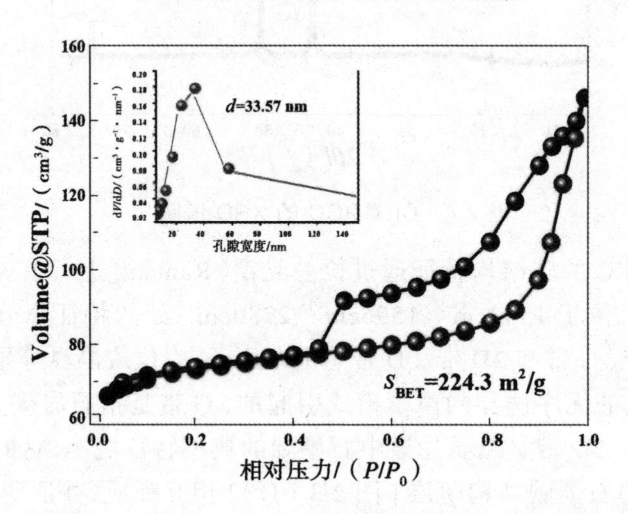

图 2.6 Cu@GCC 的 N_2 吸附 / 解吸等温线和孔径分布图

采用 XPS 对 Cu@GCC 的元素成分和化学状态进行了考究。在 Cu@GCC 的 XPS 总谱图中检测到了三种元素的特征峰，对应元素分别为 C、O 和 Cu（图 2.7A）。在 C 谱中的以 284.82eV、285.40eV、286.50eV 和 289.00eV 为中心的峰分别对应为 C—C、C═C、C—O 和 C═O（图 2.7B），这些特征峰也进一步印证了石墨碳的存在。在 O 谱中（图 2.7C）以 532.26eV 和 533.48eV 为中心的峰分别对应于 C—O 和 C═O。在 Cu 谱中（图 2.7D）位于 952.56eV 和 932.84eV 的两个强峰分别对应于 Cu $2p_{1/2}$ 和 Cu $2p_{3/2}$。这些结果再次表明，Cu@GCC 由石墨碳和金属铜组分组成。

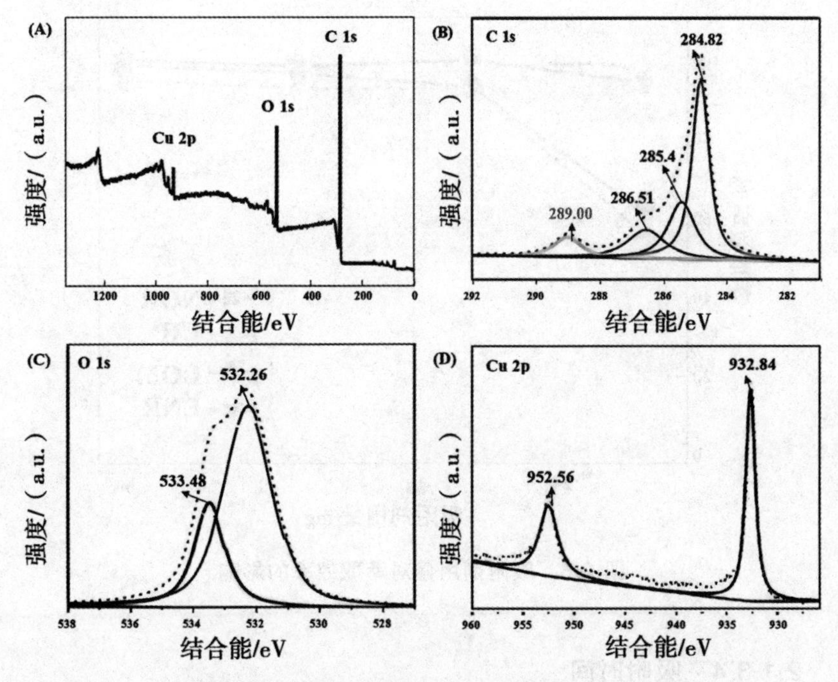

图 2.7　Cu@GCC 的 XPS 全谱图（A）以及在 C 1s（B）、O 1s（C）和 Cu 2p（D）的结合能下的 XPS 谱

2.1.3.2　条件优化

为使 Cu@GCC 对四种 FQs 的萃取效率令人满意，在实验过程中优化了许多的实验参数以实现最佳的萃取效率，包括吸附条件及洗脱条件等。在 10mL 2mg/L FQs 混合溶液中进行优化实验，实验平行重复 3 次。

2.1.3.3　吸附剂用量

在样品溶液中使用不同量的 Cu@GCC（24 ～ 60mg）来萃取 FQs（NOR，CIP，LOM 和 ENR）。根据实验结果（图 2.8），36mgCu@GCC 足以萃取四种 FQs。因此，选择 36mgCu@GCC 进行以下实验。

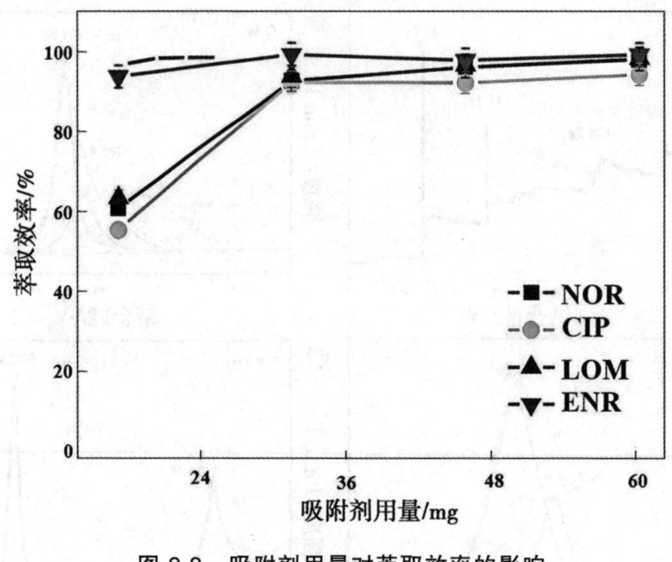

图 2.8　吸附剂用量对萃取效率的影响

2.1.3.4　吸附时间

在 1 ～ 50min 内进行吸附时间的优化。根据实验结果(图 2.9),振荡 30min 时足以萃取两种菊酯,并选取用于后续实验。

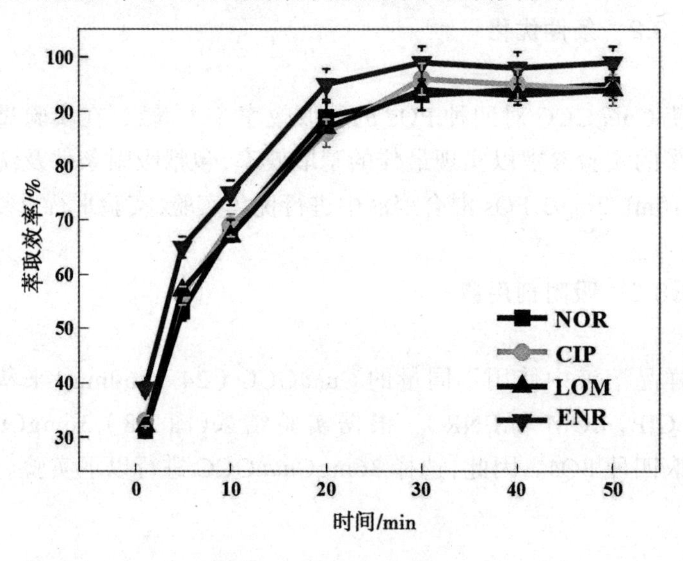

图 2.9　吸附时间的优化

2.1.3.5　溶液 pH 值和离子强度的影响

在 pH3.0 ～ 11.0 内探究了初始溶液 pH 对萃取效率的影响。如图 2.10（A）所示，在 pH5.0 ～ 9.0 内萃取效率最佳。FQs 的溶液的初始 pH 约为 5.2。因此，溶液 pH 无须调节。考虑到样品溶液的 pH 可能会决定分析物以何种形式存在，它在有机化合物的萃取中是重要的影响因素。当 pH<5.5 时 [pHPZC=5.5，见图 2.10（B）]，Cu@GCC 的表面带有正电荷，pH>5.5 时，Cu@GCC 的表面带有负电荷。此外，4 种 FQs 均具有 2 个 pK_a 值，它们的 pK_{a1} 和 pK_{a2} 分别为 6.1 ～ 6.3 和 7.7 ～ 8.8。在 pH6.0 ～ 9.0 的条件下，FQs 将以中性分子的形式存在，这使得它们几乎不被 Cu@GCC 因静电力吸引或排斥。pH 的变化对这四个 FQs 的萃取效率没有显著影响，这表明吸附剂对 FQs 的吸附可能是由非静电相互作用决定的，例如氢键和 π-π 相互作用。此外，当 pH<5.0 或 pH>9.0 时，萃取效率略有下降，这表明被吸附物与 Cu@GCC 之间也可能发生静电相互作用，但不是最主要的作用力。

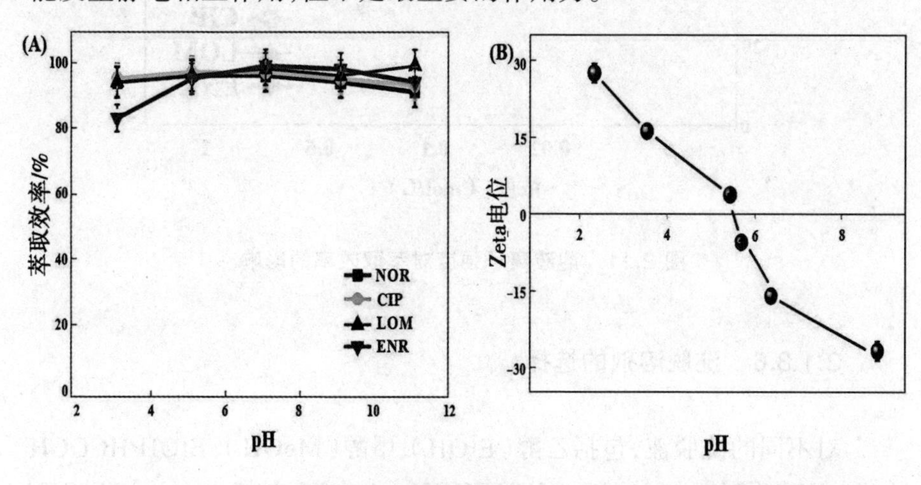

图 2.10　溶液 pH 对萃取效率的影响（A）和 Cu@GCC 在不同 pH 条件下的 Zeta 电位（B）

此外，在 pH 为 5 ～ 9 的情况下，以改变溶液中 NaCl 浓度（0 ～ 1.0mol/L）的方式对离子强度进行调节从而研究其对吸附效率的影响。从理论上讲，当吸附剂与被吸附物之间存在静电引力时，离子强度的增加将会阻隔静电引力从而使吸附效率下降，反之亦然。在该实验中，吸附效率并未随着离子强度的增加而发生变化(见图 2.11),该结果表明静电相互作用不是 Cu@GCC 与 FQs 之间的主要作用力。

据研究,添加盐可以凭借盐析作用从而降低有机分析物的溶解度,这有助于提高萃取效率。但是,本节中添加 NaCl 后萃取效率没有变化,这表明疏水作用在吸附过程中也可能不占主导地位。基于以上分析,合成的材料对四种 FQs 表现出优异的萃取性能和化学亲和性。

因此,在不调整离子强度的情况下直接使用分析溶液,萃取效率仍可达到 93% 以上。

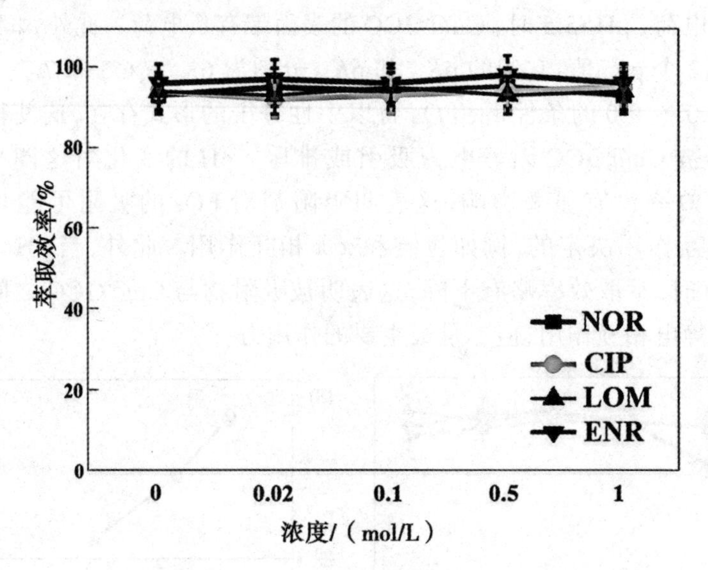

图 2.11 溶液离子强度对萃取效率的影响

2.1.3.6 洗脱溶剂的选择

对不同的洗脱液,包括乙醇(EtOH)、甲醇(MeOH)、EtOH/HCOOH(1mol/L)(7/1, *v/v*)、MeOH/HCOOH(1mol/L)(7/1, *v/v*)、EtOH/CH_3COOH(1mol/L)(7/1, *v/v*),MeOH/CH_3COOH(1mol/L)(7/1, *v/v*)、EtOH/HCl(1mol/L)(7/1, *v/v*)、MeOH/HCl(1mol/L)(7/1, *v/v*)、EtOH/NaOH(1mol/L)(7/1, *v/v*)和 MeOH/NaOH(1mol/L)(7/1, *v/v*)进行了研究。结果(图 2.12)表明,当使用 EtOH/NaOH(1mol/L)(7/1, *v/v*)时,获得了目标分析物的最大解吸效率。因此,选择 EtOH/NaOH

(1mol/L)(7/1, v/v)作为后续实验的洗脱溶剂。

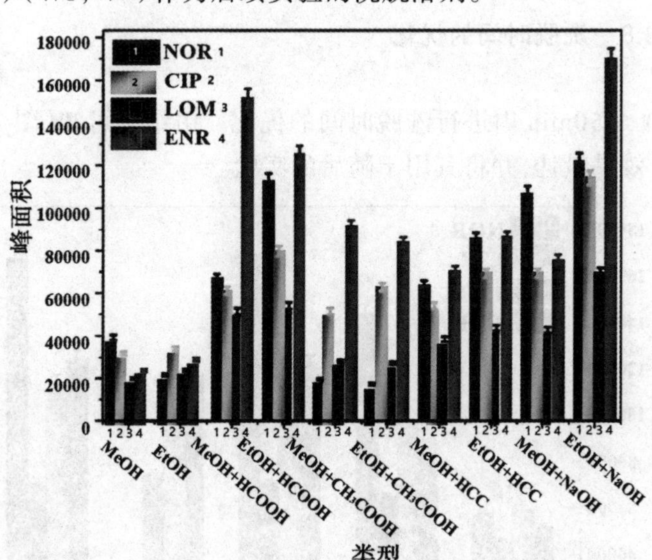

图 2.12　洗脱溶剂的选择

2.1.3.7　洗脱溶剂体积的选择

在 2 ~ 10mL 范围内对洗脱液体积进行优化。由结果可知(图 2.13),8mL 洗脱液足以从 Cu@GCC 上分离出目标分析物,并将其选择用于后续实验。

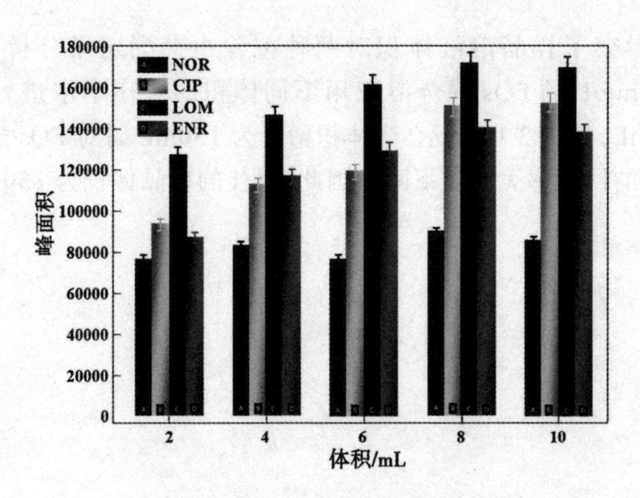

图 2.13　洗脱溶剂体积的优化

2.1.3.8 洗脱时间的优化

在 10 ~ 50min 内进行洗脱时间的优化。由结果可知(图 2.14),洗脱 40min 效果最佳,并将其用于随后的实验。

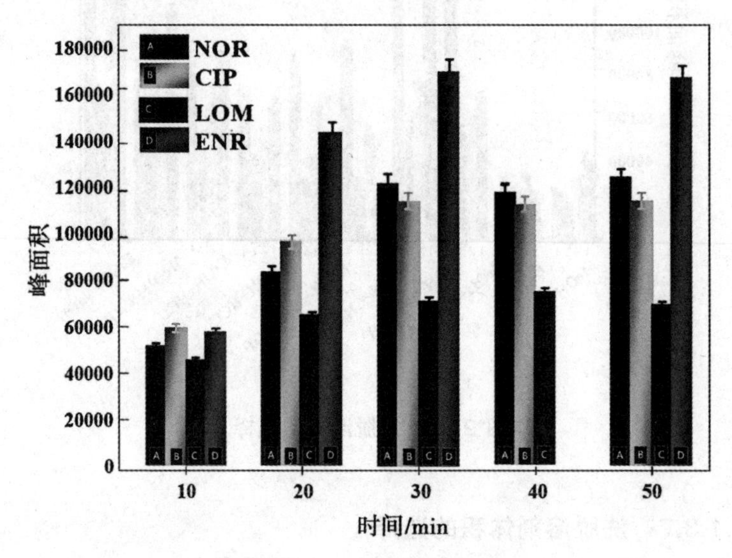

图 2.14 洗脱时间的优化

2.1.3.9 溶液体积的影响

本节考察了样品溶液体积对两种拟除虫菊酯定量分析的影响,将 10mL 2mg/L 的 FQs 混合溶液用不同体积的去离子水进行稀释至 20 ~ 200mL,如图 2.15 所示,当体积稀释为 150mL 时对 FQs 进行萃取实验,所得的回收率无明显下降。因此,最佳的样品体积为 150mL。

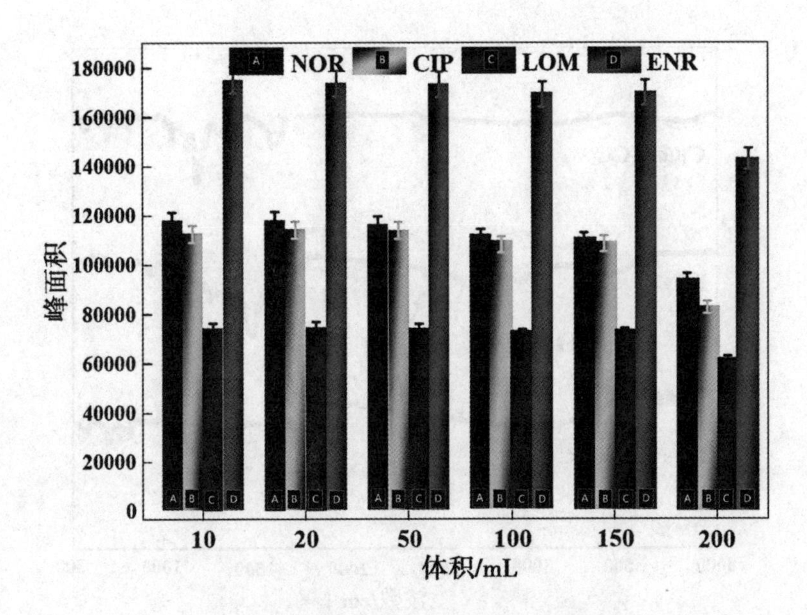

图 2.15　样品溶液体积对回收率的影响

2.1.3.10　吸附机理

根据以上结果，Cu@GCC 对四个 FQs 的吸附亲和力基本不受 pH 和离子强度的影响。因此，Cu@GCC 与 FQs 之间的非静电氢键和 π- 共轭效应可能是萃取过程中涉及的主要作用力。傅里叶变换红外光谱（FT-IR）用于进一步研究 FQs 与 Cu@GCC 之间的相互作用机理。结果如图 2.16 所示，相比于单独的 Cu@GCC 的 IR 谱图，在吸附 FQs 后在 $2345cm^{-1}$ 和 $3304cm^{-1}$ 处出现两个新峰，这分别是 FQs 的氨基中的 N—H 键和羟基中的 O—H 键的峰，这表明 FQs 被成功地吸附在了 Cu@GCC 上。吸附前后对比，FQs 中 C═C 的振动拉伸频率的强带从 $1605cm^{-1}$ 转移到 $1587cm^{-1}$，这表明由于吸附过程中 Cu@GCC 与 FQs 之间存在 π-π 相互作用，分子的电子云分布发生了变化。此外，还可以在图 2.16 中观察到，FQs 的 -OH 基团的伸缩振动在吸附前后，由 $3422cm^{-1}$ 处移至 $3304cm^{-1}$，并且该峰变弱并变宽，且 FQs 中 N—H 的 $2457cm^{-1}$ 处的峰移至 $2349cm^{-1}$，表明，FQs 与 Cu@GCC 之间可能存在氢键作用力。氢键可能是在 FQs 中的羟基 / 氨基和 Cu@GCC 的含氧基团之间形成，该作用力可以增强 Cu@GCC 对 FQs 的吸附亲和力。

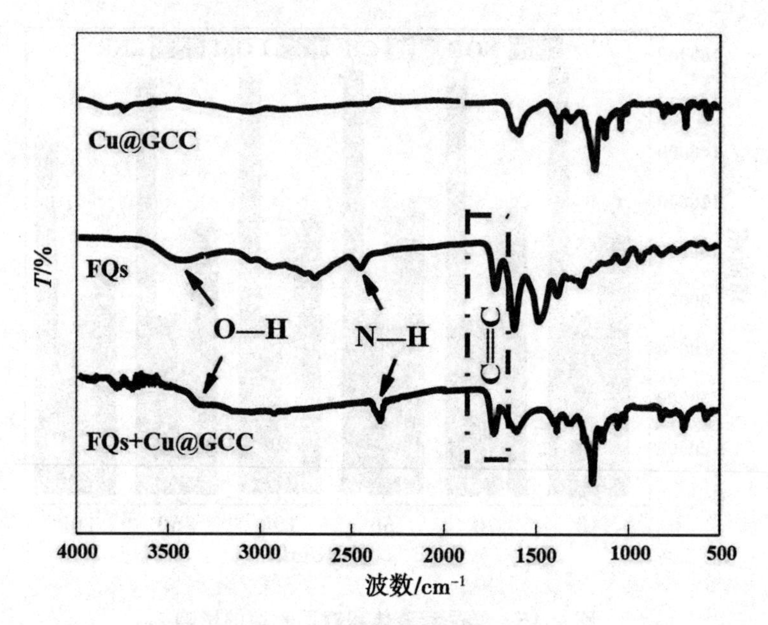

图 2.16 FQs、Cu@GCC 和吸附 FQs 的 Cu@GCC 的 FT-IR 光谱

2.1.3.11 方法评估

为了避免样品基质对分析性能的干扰，通过绘制加标后的实际样品（河水、鸡肉）中所测得的峰面积与 FQs 浓度的关系图，得到相应的基质标准曲线。通过将检测样品的色谱峰面积计入基质标准曲线以确定分析物浓度，可以对不同样品中的目标分析物进行定量分析。如表 2.2 所示，FQs 的基质标准曲线分别在 0.1 ～ 500ng/mL 和 1 ～ 500ng/g 范围内线性良好（$0.9990<R_2<0.9997$）。LODs 分别为 0.018 ～ 0.042ng/mL 和 0.18 ～ 0.58ng/g，LOQs 分别为 0.062 ～ 0.141ng/mL 和 0.61 ～ 1.76ng/g。此外，通过测量不同浓度的 FQs 考察了 d-SPE 方法的日间精密度（连续三天进行平行实验）和日内精密度（同日内五次平行实验）。结果表明，日间和日内实验的相对标准偏差（RSDs）的范围分别在 4.7% ～ 7.2% 和 3.4% ～ 5.5%，表明该方法具有良好的可重复性。

为了计算分析物的富集因子（EF），对包含一定量 4 种 FQs（每种含量均为 20μg）的样品溶液（V=150mL）进行了五次重复试验。使用以下方程式计算 EF：

$$EF = \frac{C_a}{C_s}$$

其中，C_a 和 C_s 分别为分析溶液和样品溶液中目标物的浓度。结果显示，在最佳条件下，NOR、CIP、LOM 和 ENR 的 EF 分别为 345、540、675 和 439，这表明该方法对水中样品具有优异的预浓缩能力。

表 2.2　d-SPE-HPLC-UV 测定 NOR 、CIP 、LOM 和 ENR 的方法学考察

基质	分析物	线性范围[a]	相对系数	检出限[a]	LOQ[a]
河水	NOR	0.1 ～ 500	0.9991	0.020	0.069
	CIP	0.1 ～ 500	0.9991	0.018	0.062
	LOM	0.2 ～ 500	0.9993	0.042	0.141
	ENR	0.1 ～ 500	0.9990	0.025	0.083
鸡肉	NOR	1 ～ 500	0.9990	0.23	0.77
肌肉组织	CIP	1 ～ 500	0.9997	0.25	0.83
	LOM	2 ～ 500	0.9993	0.53	1.76
	ENR	1 ～ 500	0.9992	0.18	0.61

注　a：浓度单位，水等液体的单位为 ng/mL，鸡肉等固体的单位为 ng/g。

2.1.3.12　抗干扰能力研究

考察了真实样品中可能具有的干扰物质对样品萃取的影响。结果表明，浓度为 1000 倍的 Ca^{2+}、Cu^{2+}、K^+、NO_3^-、Cl^- 和 500 倍的 Fe^{3+}、200 倍的葡萄糖、果糖和 100 倍的维生素对 FQs 的回收率无明显影响（RSDs 低于 5%）。

2.1.3.13　Cu@GCC 的再生能力研究

通过吸附 / 解吸循环测试了 Cu@GCC 的再生性能。随着循环次数的增加回收率逐渐轻微降低，这可能是由于分离过程以及吸附剂洗涤过程中的质量损失所致。但 Cu@GCC 在使用四个循环后，萃取效率仍可达到 80%以上，表明该吸附剂在 d-SPE 过程中具有良好的稳定性。

2.1.3.14 应用于实际样品

为了评估该方法的实际应用潜力，对加标样品（包括海水、河水、鸡肉和鱼肉）进行了分析，结果列于表 2.3。从样品中获得的加标目标物的平均回收率在 82.6% ~ 104.3% 的范围内，且 RSDs<5.2%（n=5）。结果表明，所提出的在真实样品中同时测定 NOR、CIP、LOM 和 ENR 的方法具有可靠的回收率和准确性。图 2.17 给出了基于 Cu@GCC 为吸附剂的 d-SPE 前处理后的鸡肉样品的代表性色谱图。

表 2.3 实际样品的分析结果

样品 s	加标浓度[a]	海水		河水		加标浓度[a]	肌肉组织		鱼肉组织	
		检出限[a]	回收率/%	检出限[a]	回收率/%		检出限[a]	回收率/%	检出限[a]	回收率/%
NOR	0	n.d.	—	n.d.	—	0	n.d.	—	n.d.	—
	0.5	0.42±0.03	83.8	0.43±0.03	85.9	5.0	4.88±0.11	97.6	4.59±0.15	91.8
	10.0	8.97±0.87	89.7	8.35±0.53	83.5	10.0	8.73±0.37	87.3	9.25±0.25	92.5
	50.0	45.2±1.56	90.4	43.2±0.96	86.4	100.0	92.3±2.83	92.3	93.7±1.72	93.7
CIP	0	n.d.	—	n.d.	—	0	n.d.	—	n.d.	—
	0.5	0.49±0.02	97.6	0.48±0.03	96.5	5.0	5.18±0.16	103.7	4.72±0.21	94.4
	10.0	9.56±0.45	95.6	8.95±0.34	89.5	10.0	8.84±0.32	88.4	10.15±0.41	101.5
	50.0	47.2±1.26	94.4	47.6±0.76	95.2	100.0	94.5±2.58	94.5	104.3±2.32	104.3
LOM	0	n.d.	—	n.d.	—	0	n.d.	—	n.d.	—
	0.5	0.48±0.03	96.1	0.49±0.02	97.8	5.0	4.49±0.22	89.8	4.41±0.26	88.2
	10.0	9.73±0.63	97.3	9.63±0.29	96.3	10.0	9.63±0.47	96.3	9.48±0.35	94.8
	50.0	48.5±3.04	97	49.7±1.38	99.6	100.0	96.5±1.92	96.5	99.4±2.86	99.4
ENR	0	n.d.	—	n.d.	—	0	n.d.	—	n.d.	—
	0.5	0.46±0.03	91.3	0.45±0.03	90.6	5.0	4.94±0.25	98.6	4.85±0.23	96.1
	10.0	8.51±0.39	85.1	8.26±0.43	82.6	10.0	10.22±0.43	102.2	9.57±0.27	95.7
	50.0	44.3±2.21	88.6	47.7±1.32	95.4	100.0	94.3±3.04	94.3	89.8±3.13	89.8

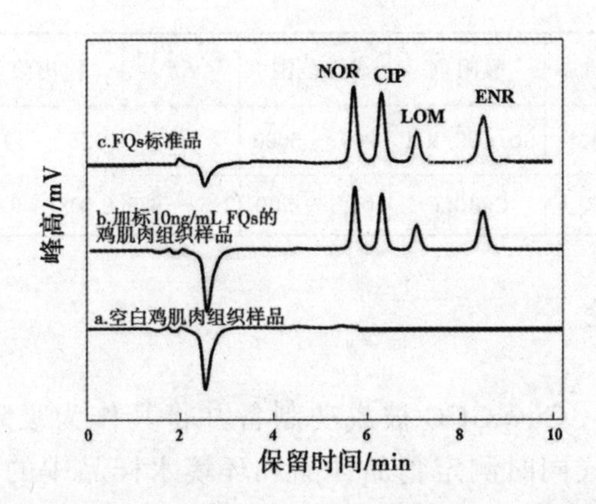

图 2.17　空白鸡肌肉组织样品（a）、加标 10 ng/mL FQs 的鸡肌肉组织样品（b）和 FQs 标准品（c）的代表性色谱图

2.1.3.15　方法对比

将基于制备的 Cu@GCC 为吸附剂的 d-SPE-HPLC-UV 方法的性能与其他测定 FQs 的分析方法进行了比较，结果列于表 2.4。本节所提出的分析方法的富集因子高、检出限较低并具有满意的回收率，表明它更适合在痕量水平上测定 FQs，这也证明了 Cu@GCC 是同时萃取四个 FQs 的有效吸附剂。

表 2.4　方法对比

方法	基质	吸附剂	线性范围[a]	*EF*	检出限[a]	回收率 /%
SBSE-HPLC	鸡肉	DIF-MIP	1 ～ 1000	33 ～ 47	0.1 ～ 0.3	67.4 ～ 99.0
MISPE-HPLC	鸡肌肉组织	ENR-MIP	5 ～ 1000	—	5.5 ～ 12.2	68 ～ 102
MSPD-HPLC	鸡肌肉组织	MIP particles	30 ～ 2000	—	8.0 ～ 9.0	82.7 ～ 96.6
d-SPE-HPLC	鸡肌肉组织	Cu@GCC	1 ～ 500	—	0.18 ～ 0.53	87.3 ～ 104.3
SBSE-HPLC	海水	SBSE-MADB	5.0 ～ 100	64 ～ 72	0.37 ～ 0.42	62.2 ～ 72.8
SPE-HPLC	海水	Polymer	0.1 ～ 100	—	0.001 ～ 0.005	70.1 ～ 103.1

续表

方法	基质	吸附剂	线性范围[a]	*EF*	检出限[a]	回收率 /%
d-SPE-HPLC	河水	GO/CNC-MIP	200 ～ 5000	—	6.5 ～ 14.0	79.2 ～ 96.1
d-SPE-HPLC	河水	Cu@GCC	0.1 ～ 500	345 ～ 675	0.003 ～ 0.027	81.3 ～ 99.6

2.1.4 结论

在本工作中，Cu@GCC 被成功制备并将其作为吸附剂以 d-SPE-HPLC-UV 的方式同时测定食品样品和环境水样品中的四种 FQs。具有高孔隙率和比表面积的 Cu@GCC 对 FQs 展现出了优异萃取能力。发展的基于 Cu@GCC 的 d-SPE-HPLC 方法为分析实际样品中的抗生素提供了较大的潜在价值。

参考文献

[1] MA R Y, HAO L, WANG J M, et al. Magnetic porous carbon derived from a metal–organic framework as a magnetic solid-phase extraction adsorbent for the extraction of sex hormones from water and human urine [J]. Journal of Separation Science, 2016, 39 (18): 3571-3577.

[2] SPELTINI A, STURINI M, MARASCHI F, et al. Analytical methods for the determination of fluoroquinolones in solid environmental matrices [J]. TrAC Trends in Analytical Chemistry, 2011, 30 (8): 1337-1350.

[3] SUZUKI S, HOA P T P. Distribution of quinolones, sulfonamides, tetracyclines in aquatic environment and antibiotic resistance in Indochina [J]. Frontiers in Microbiology, 2012, 3: 67.

[4] JIANG W X, WANG Z H, BEIER R C, et al. Simultaneous determination of 13 fluoroquinolone and 22 sulfonamide residues in milk by a dual-colorimetric enzyme-linked immunosorbent assay [J]. Analytical Chemistry, 2013, 85 (4): 1995-1999.

[5] WAGIL M, KUMIRSKA J, STOLTE S, et al. Development of sensitive and reliable LC-MS/MS methods for the determination

of three fluoroquinolones in water and fish tissue samples and preliminary environmental risk assessment of their presence in two rivers in northern Poland [J]. The Science of the Total Environment, 2014, 493: 1006-1013.

[6] ABNOUS K, DANESH N M, ALIBOLANDI M, et al. A novel electrochemical aptasensor for ultrasensitive detection of fluoroquinolones based on single-stranded DNA-binding protein [J]. Sensors and Actuators B: Chemical, 2017, 240: 100-106.

[7] FERDIG M, KALETA A, THANH VO T D, et al. Improved capillary electrophoretic separation of nine (fluoro)quinolones with fluorescence detection for biological and environmental samples [J]. Journal of Chromatography A, 2004, 1047 (2): 305-311.

[8] DORIVAL-GARCÍA N, ZAFRA-GÓMEZ A, CANTARERO S, et al. Simultaneous determination of 13 quinolone antibiotic derivatives in wastewater samples using solid-phase extraction and ultra performance liquid chromatography–tandem mass spectrometry [J]. Microchemical Journal, 2013, 106: 323-333.

[9] YANG K, WANG G N, LIU H Z, et al. Preparation of dual-template molecularly imprinted polymer coated stir bar based on computational simulation for detection of fluoroquinolones in meat [J]. Journal of Chromatography B, 2017, 1046: 65-72.

[10] HE X, WANG G N, YANG K, et al. Magnetic graphene dispersive solid phase extraction combining high performance liquid chromatography for determination of fluoroquinolones in foods [J]. Food Chemistry, 2017, 221: 1226-1231.

[11] HUET A C, CHARLIER C, TITTLEMIER S A, et al. Simultaneous determination of (fluoro)quinolone antibiotics in kidney, marine products, eggs, and muscle by enzyme-linked immunosorbent assay (ELISA) [J]. Journal of Agricultural and Food Chemistry, 2006, 54 (8): 2822-2827.

[12] ZHAO S J, LI X L, RA Y, et al. Developing and optimizing an immunoaffinity cleanup technique for determination of quinolones

from chicken muscle [J]. Journal of Agricultural and Food Chemistry, 2009, 57 (2): 365-371.

[13] HUANG X J, QIU N N, YUAN D X, et al. Preparation of a mixed stir bar for sorptive extraction based on monolithic material for the extraction of quinolones from wastewater [J]. Journal of Chromatography A, 2010, 1217 (16): 2667-2673.

[14] LUO Y B, MA Q, FENG Y Q. Stir rod sorptive extraction with monolithic polymer as coating and its application to the analysis of fluoroquinolones in honey sample [J]. Journal of Chromatography A, 2010, 1217 (22): 3583-3589.

[15] YE N S, SHI P Z, WANG Q, et al. Graphene as solid-phase extraction adsorbent for CZE determination of sulfonamide residues in meat samples [J]. Chromatographia, 2013, 76 (9): 553-557.

[16] ZHANG Z Z, WANG L L, XU X, et al. Development of a validated HPLC method for the determination of tenofovir disoproxil fumarate using a green enrichment process [J]. Analytical Methods, 2015, 7 (15): 6290-6298.

[17] WANG L L, ZHANG Z Z, XU X, et al. Simultaneous determination of four trace level endocrine disrupting compounds in environmental samples by solid-phase microextraction coupled with HPLC [J]. Talanta, 2015, 142: 97-103.

[18] ANDRADE-ESPINOSA G, MUÑOZ-SANDOVAL E, TERRONES M, et al. Acid modified bamboo-type carbon nanotubes and cup-stacked-type carbon nanofibres as adsorbent materials: Cadmium removal from aqueous solution [J]. Journal of Chemical Technology & Biotechnology, 2009, 84 (4): 519-524.

[19] HAN Q, WANG Z H, XIA J F, et al. Facile and tunable fabrication of Fe_3O_4/graphene oxide nanocomposites and their application in the magnetic solid-phase extraction of polycyclic aromatic hydrocarbons from environmental water samples [J]. Talanta, 2012, 101: 388-395.

[20] LIU L, FENG T, WANG C, et al. Enrichment of neonicotinoid

insecticides from lemon juice sample with magnetic three-dimensional graphene as the adsorbent followed by determination with high-performance liquid chromatography [J]. Journal of Separation Science, 2014, 37 (11): 1276-1282.

[21] SARIDARA C, BRUKH R, IQBAL Z, et al. Preconcentration of volatile organics on self-assembled, carbon nanotubes in a microtrap [J]. Analytical Chemistry, 2005, 77 (4): 1183-1187.

[22] PAN Y, ZHAO Y X, MU S J, et al. Cation exchanged MOF-derived nitrogen-doped porous carbons for CO_2 capture and supercapacitor electrode materials [J]. Journal of Materials Chemistry A, 2017, 5 (20): 9544-9552.

[23] SHI X H, BAN J J, ZHANG L, et al. Preparation and exceptional adsorption performance of porous MgO derived from a metal–organic framework [J]. RSC Advances, 2017, 7 (26): 16189-16195.

[24] ZHAO G H, FANG Y Y, DAI W, et al. Copper-containing porous carbon derived from MOF-199 for dibenzothiophene adsorption [J]. RSC Advances, 2017, 7 (35): 21649-21654.

[25] XIAO L L, XU R Y, YUAN Q H, et al. Highly sensitive electrochemical sensor for chloramphenicol based on MOF derived exfoliated porous carbon [J]. Talanta, 2017, 167: 39-43.

[26] ZHANG S, LI D H, CHEN S, et al. Highly stable supercapacitors with MOF-derived Co_9S_8/carbon electrodes for high rate electrochemical energy storage [J]. Journal of Materials Chemistry A, 2017, 5 (24): 12453-12461.

[27] FU Y A, HUANG Y, XIANG Z H, et al. Phosphorous–nitrogen-codoped carbon materials derived from metal–organic frameworks as efficient electrocatalysts for oxygen reduction reactions [J]. European Journal of Inorganic Chemistry, 2016, 2016 (13/14): 2100-2105.

[28] WANG Z J, LU Y Z, YAN Y, et al. Core-shell carbon materials derived from metal-organic frameworks as an efficient oxygen bifunctional electrocatalyst [J]. Nano Energy, 2016, 30: 368-378.

[29] YE L, CHAI G L, WEN Z H. Zn-MOF-74 derived N-doped mesoporous carbon as pH-universal electrocatalyst for oxygen reduction reaction [J]. Advanced Functional Materials,2017,27(14): 160-190.

[30] LIU X L, WANG C, WU Q H, et al. Porous carbon derived from a metal-organic framework as an efficient adsorbent for the solid-phase extraction of phthalate esters [J]. Journal of Separation Science,2015,38(22): 3928-3935.

[31] ZHAO J J, NUNN W T, LEMAIRE P C, et al. Facile conversion of hydroxy double salts to metal-organic frameworks using metal oxide particles and atomic layer deposition thin-film templates [J]. Journal of the American Chemical Society,2015,137(43): 13756-13759.

2.2 三维中空多孔树莓状 Co/Ni@C 构建及其在拟除虫菊酯分析中的应用

2.2.1 引言

拟除虫菊酯类杀虫剂常被用于农业中害虫的防治[1-3]。其中,醚菊酯(etofenprox)和联苯菊酯(bifenthrin)由于其相对较低的成本和较高的杀虫活性而得到了最广泛的应用。这些化合物的过量使用和生物蓄积会以对神经、心血管、内分泌、免疫和呼吸系统产生不良影响的形式而危害人类健康[4,5]。许多组织已经对拟除虫菊酯类杀虫剂的最大残留限量进行了严格的规定,例如,蔬菜中拟除虫菊酯残留的最大残留限量为 0.01 ~ 0.2mg/kg[6]。因此,发展一种用于痕量拟除虫菊酯残留检测的分析方法是十分必要的。

至今为止,已经有许多针对复杂样品中农药残留的预富集方法被报道。最近,分散磁固相萃取(d-MSPE)由于操作简单、效率高、低成本和绿色环保而受到广泛关注[7,8]。对于 d-MSPE 来说,吸附材料的性能对分析物的高效萃取至关重要。

近些年，金属有机骨架（MOF）已成为制备各种金属 / 金属氧化物基碳材料的理想牺牲模板[7,10]。由于继承了 MOF 的多孔结构、较大的比表面积和可调控的特性[11,12]，MOF 的衍生物在催化、能量存储、电化学和吸附方面均展现出了较好的实际应用前景并被广泛研究[6,12,13,14,16,17,19]。目前，将 MOF 衍生的碳材料作为潜在的吸附剂应用于样品前处理技术中的行为已经引起了人们的兴趣。一些 MOF（ZIF-67[20]、MOF-5[21]、$Cu_3(BTC)_2$[22]、Ni-MOF[36]、ZIF-8[23–25]、MIL-53[26,35] 和 MIL-101[27]）衍生的材料已成功地用作 SPE 的吸附剂。此外，这些材料表现出不错的萃取能力和良好的稳定性。因此，通常认为源自 MOF 的碳材料是固相萃取材料可行的候选者。

与单金属 MOF 相比，双金属 MOF 由于具有更高的结构稳定性和出色的循环稳定性而受到了更多关注[28–30]。另一方面，双金属 MOF 具有更大的比表面积和更丰富的吸附活性位点，这有利于提高材料与被吸附物的界面接触效率，并且由于具有丰富的介孔，为被吸附物提供了便利的传质途径。例如，在 HKUST-1（Cu）[32] 中引入 Ni，MIL-101（Cr）[33] 中引入 Mg 和 Uio-66（Zr）[34] 中引入 Ti 可以分别增加其对各自目标物的吸附能力。同样地，MOF 的衍生物具有继承前体特点的特性，因此双金属 MOF 衍生的双金属 / 碳杂化物具有成为更优异的吸附材料的潜力。然而，由于结晶配位聚合物的本征性质，在一个 MOF 基体中掺入额外的金属仍然是具有挑战性的。目前，国内外对 MOF 衍生的双金属 / 碳杂化材料的合成及其在吸附领域的应用研究需进一步的研究，尤其是在分离富集领域。此外，通过限制双金属 MOF 的中心金属为磁性金属来制备磁性吸附剂是更大的挑战和突破。

本节报道了一种通过热解双金属有机骨架（Co/NiMOF）来构建 3D 中空多孔树莓状层级 Co/Ni@C 材料的策略。由于石墨碳的特性，该复合物对拟除虫菊酯具有极好的萃取能力和分离效率。另外，建立了一种 3D Co/Ni@C 基 d-MSPE 结合 HPLC-UV 的新方法，用于测定实际样品中痕量的醚菊酯和联苯菊酯，并且该方法被证明具有高效、低成本和环境友好的特点。

2.2.2 实验部分

2.2.2.1 实验试剂

醚菊酯和联苯菊酯从阿拉丁试剂有限公司(中国上海)获得。六水合氯化镍($NiCl_2 \cdot 6H_2O$)、六水合硝酸钴[$Co(NO_3)_2 \cdot 6H_2O$]、对苯二甲酸(H_2BDC)、葡萄糖、乙腈(HPLC 级)和甲醇(HPLC 级)均从国药集团化学试剂有限公司(中国沈阳)获得。

联苯菊酯和醚菊酯的储备液(1.0g/L)由甲醇配得。实验所用低浓度溶液通过去离子水稀释储备液得到。

2.2.2.2 实验仪器(表 2.5)

表 2.5 实验仪器

仪器名称	型号	厂商
扫描电子显微镜(SEM)	SU8000	日本 HITACHI
X 射线粉末衍射仪(XRD)	D5000	德国 Siemens
激光共聚焦显微拉曼光谱(Raman)	LabRAM XploRA	法国 HORIBA
气体吸附分析仪	ASIQ-C	美国 Quantachrome
震动样品磁强计(VSM)	7407	美国 Lakeshore
傅里叶变换红外光谱(FT-IR)	5700	美国 Nicolet
高效液相色谱(HPLC)	SPD-16	日本 Shimadzu

2.2.2.3 材料的制备

(1)Co/Ni-MOF 的制备

将 $NiCl_2 \cdot 6H_2O$(1.04g)、H_2BDC(0.336g)和 $Co(NO_3)_2 \cdot 6H_2O$(0.703g)溶解在 DMF 中并在室温下磁力搅拌 10min,然后将混合物倒入 100mL 反应釜中,并在 160℃下反应 8h。待反应结束,通过以 4000r/min 离心 4min 将蓝紫色产物彻底分离,然后进一步用 DMF 和乙醇反复洗涤,最后在 60℃下干燥过夜。

（2）3D Co/Ni@C 微球的制备

将制备好的 Co/Ni-MOF 作为前驱体在 N_2 气氛中于 700℃下煅烧 3h，升温速率为 5℃ /min，从而获得 3D Co/Ni@C 吸附材料。MOF 衍生的 3D 中空多孔树莓状分层 3D Co/Ni@C 微球的制造示意图如图 2.18 所示。

（3）实心碳球的制备

为了与 3D Co/Ni@C 微球进行比较，实心碳球由以下步骤制得。将 2g 葡萄糖溶于 20mL 水中，随后将溶液转移到反应釜中进行水热反应（180℃，8h）。冷却至室温后，离心收集产物，洗涤，最后在 N_2 气氛中于 700℃煅烧 2h，升温速率为 5℃ /min。

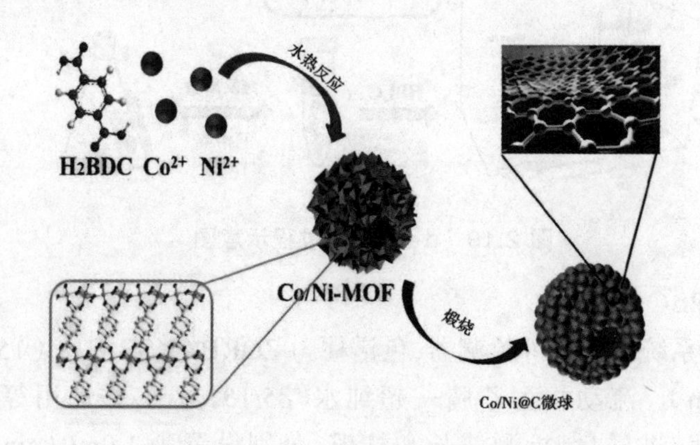

图 2.18　3D Co/Ni@C 合成工艺方案

（4）实际样品处理

黄瓜和卷心菜样品由当地超市购买获得（中国沈阳）。首先，将 10g 样品用匀浆机均匀化，并放入锥形瓶中（为分析性能评估，添加了一系列特定浓度的醚菊酯和联苯菊酯）。然后，向锥形瓶中加入 5mL 甲醇并对其进行超声处理（10min）以提取样品中的拟除虫菊酯。最后，通过离心（8000r/min，5min）收集上清液并加水稀释至 10mL 以用于 d-MSPE 方法。自来水与河水样品过滤后（膜过滤器，0.22μm）存储在 4℃下备用。

（5）d-MSPE 过程

d-MSPE 过程如图 2.19 所示。在萃取过程中，8.0mg 的 3D Co/Ni@C 被添加到样品溶液中（水样：250mL；蔬菜样品：10mL）。将混合物以 200r/min 的频率振荡 5min，然后使用强磁铁将 3D Co/Ni@C 从溶液中分离出来。接下来以 6.0mL 乙腈（含 0.3mL 的 1mol/L HCl）用作洗脱液以超声的方式将分析物从 3D Co/Ni@C 上洗脱下来。随后，将洗脱液在 N_2 流下蒸发旋干并用 200μL 甲醇回溶，将回溶液过滤后进行 HPLC 分析。

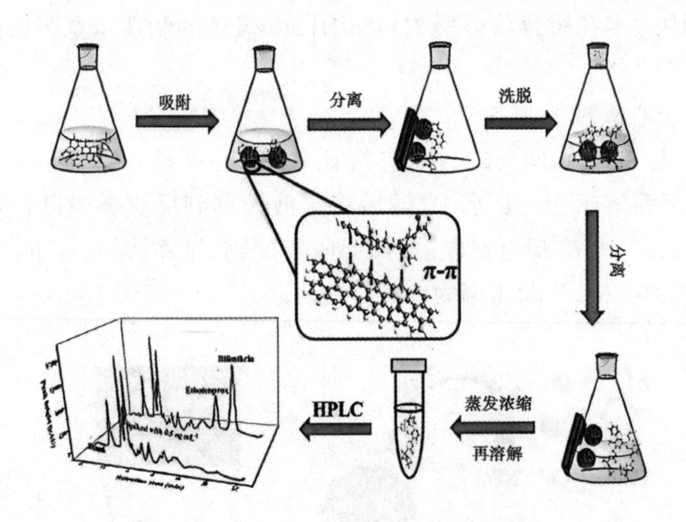

图 2.19 d-MSPE 过程示意图

（6）HPLC 分析

HPLC 系统配备紫外检测器，色谱柱为 ZORBAXSB-C18（150mm × 4.6mm，5μm）。流动相为乙腈—超纯水（85/15，*v/v*），并选用等度洗脱模式。流速、进样量、检测波长和柱温，分别设置为 1.0mL/min、20μL、220nm 和 30℃。

2.2.3 结果与讨论

2.2.3.1 材料表征

通过 SEM 对 Co/Ni-MOF 和 3D Co/Ni@C 的形貌进行表征。图 2.20（A、B）清楚地观察到 Co/Ni-MOF 呈现出由许多平均厚度为 2nm 的纳米片组成的规范的球形形貌。此外，从单个破碎的球体清楚地观察到 Co/Ni-MOF 微球的中空结构且壳的厚度约为 500nm（图 2.20C）。图 2.20（D、E）和（F）的 SEM 图像显示 3D Co/Ni@C 在 N_2 中碳化后完全保持了前体原始的尺寸和中空球形形态，而没有观察到结构塌陷，表明 3D Co/Ni@C 具有很好的结构稳定性。进一步观察图像，可以发现 3D Co/Ni@C 由许多尺寸为 10nm 的微小纳米颗粒组成。此外，EDS 分析表明了 3D Co/Ni@C 中 C、Ni 和 Co 三种元素的存在(图 2.21)。

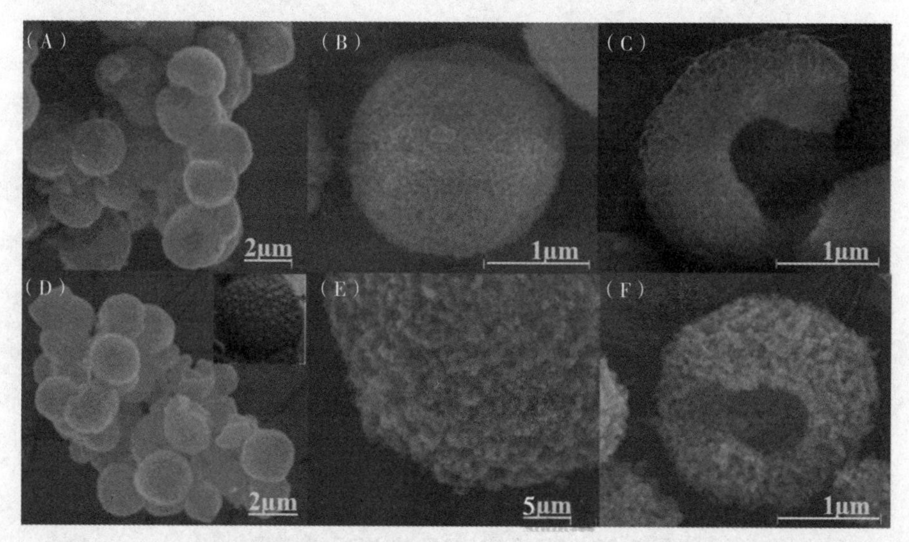

图 2.20　Co/Ni-MOF(A，B，C)和 3D Co/Ni@C(D，E，F)的 SEM 图像

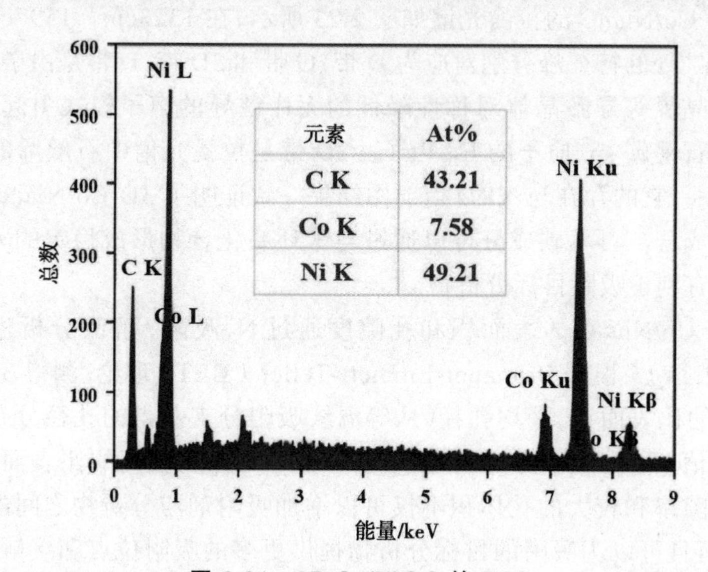

元素	At%
C K	43.21
Co K	7.58
Ni K	49.21

图 2.21　3D Co/Ni@C 的 EDS

使用 XRD 在 5° ～ 80° 范围内研究了 3D Co/Ni@C 的相纯度和结晶度。如图 2.22 所示，3D Co/Ni@C 在 44.2° 和 51.5° 处的峰对应于金属 Co(JCPDSNo.89-4307)的(111)和(200)晶面，并且在 44.6°，51.8° 和 76.4° 处的峰对应于金属 Ni(JCPDSNo.04-0850)[32] 的(111)，

(200)和(220)晶面。此外,图中在25.3°处的峰的出现初步表明在3D Co/Ni@C中石墨碳成分的存在。

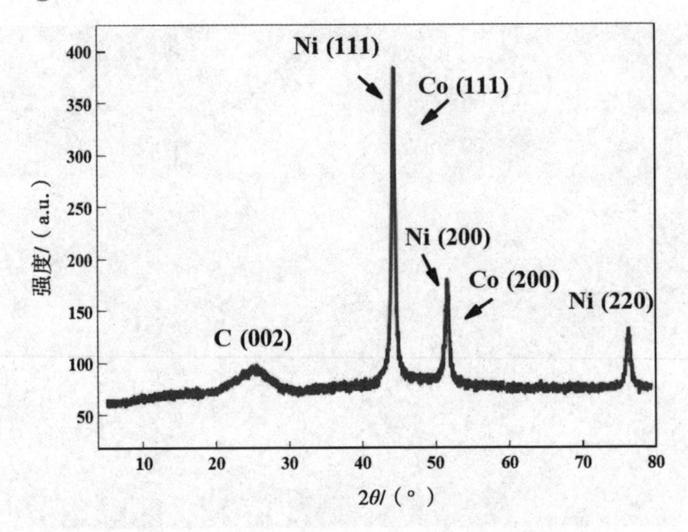

图 2.22 3D Co/Ni@C 的 XRD 光谱图

3D Co/Ni@C的拉曼光谱如图2.23所示,在1323cm^{-1}、1597cm^{-1}和2624cm^{-1}处的特征峰分别对应为D带、G带和2D带,D带是由杂原子、空位或晶界等导致晶体对称性降低的无序诱导的声子模式引起的,G带是指石墨碳sp^{2}原子的E_{2g}声子。2D带是拉曼光谱中石墨烯的典型特征之一,它的存在与XRD衍射图结果一致证明了3D Co/Ni@C包含石墨碳成分。石墨碳成分可以通过与苯环系化合物形成稳定的π相互作用而有利于吸附目标分析物。

3D Co/Ni@C的表面积和孔隙度通过N_2吸附/解吸分析进行探测(图2.24)。根据Brunauer-Emmett-Teller(BET)理论,测得3D Co/Ni@C的比表面积,平均孔径(从等温线吸附分支获得的孔径分布曲线的最大值)和孔体积为118.3m^2/g和0.427cm^3/g。较高的比表面积、丰富的孔隙率和较大的孔体积不仅可以增加吸附剂与分析物之间的接触面积,而且可以为吸附的目标分析物提供更多的吸附位点和接触空间,这些有利于提高吸附材料的萃取效率。

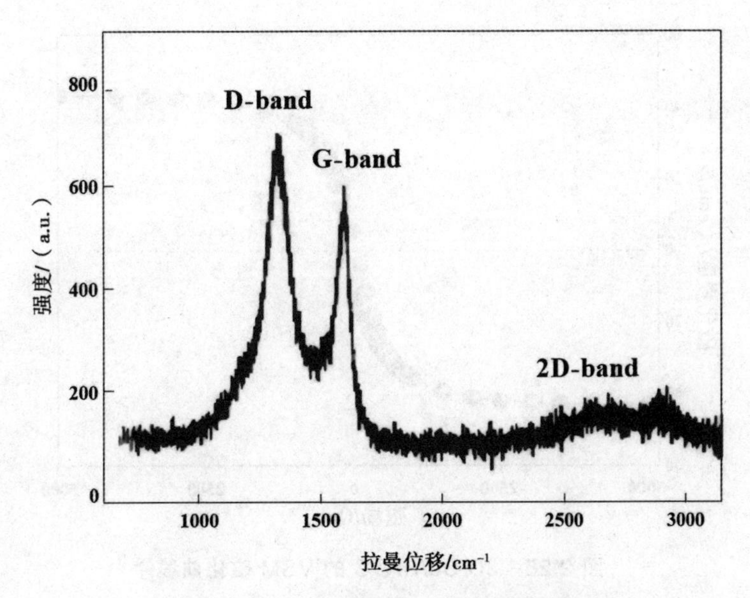

图 2.23　3D Co/Ni@C 的拉曼光谱图

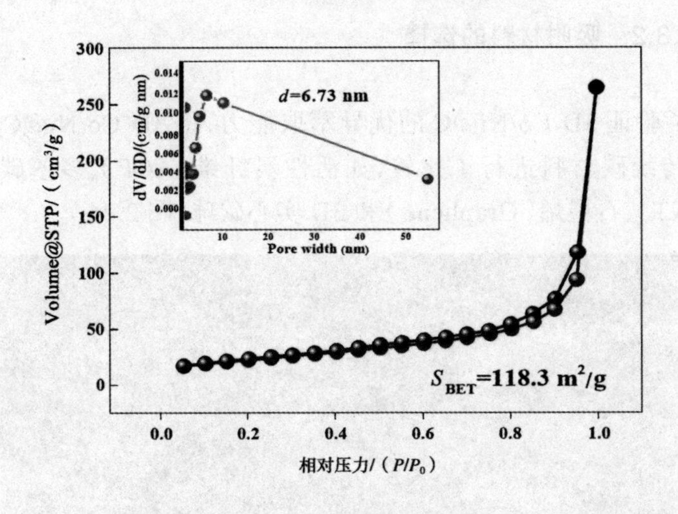

图 2.24　3D Co/Ni@C 的 N_2 吸附 / 解吸等温线和孔径分布图

室温下 3D Co/Ni@C 的 VSM 磁化曲线如图 2.25 所示。Co/Ni@C 微球的磁曲线具有磁滞回线，并且显示出较低的矫顽力和剩磁值，这表明 3D Co/Ni@C 在室温下非常接近于超顺磁性。3D Co/Ni@C 的饱和磁化强度为 54.07emu/g 具有较好的磁性性质。简单的磁分离实验也表明了，3D Co/Ni@C 作为磁吸附剂可以很容易通过外部磁场进行分离和回收。

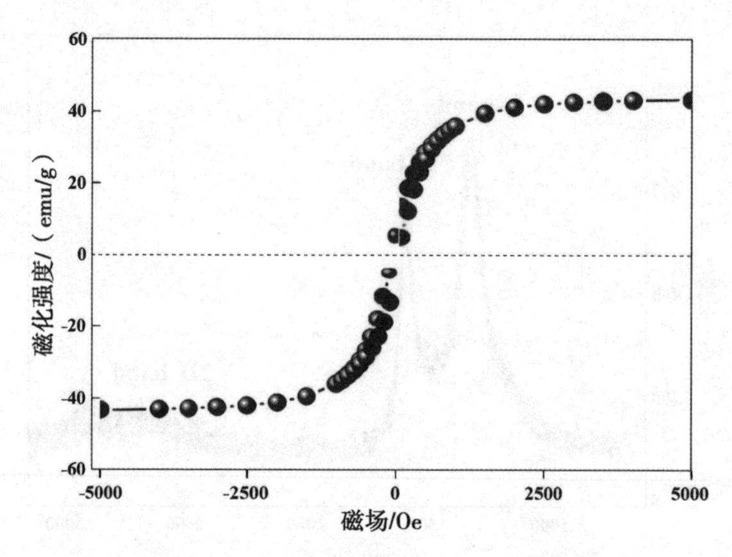

图 2.25　3D Co/Ni@C 的 VSM 磁化曲线

2.2.3.2　吸附材料的选择

为了验证 3D Co/Ni@C 的优异萃取能力，将 3D Co/Ni@C 的萃取效率与传统碳材料进行了比较，如活性炭纤维（ACF）、多壁碳纳米管（MWCNT）、石墨烯（Graphene）和 3D 实心碳球（图 2.26）。

图 2.26　碳球的扫描电镜

通过应用 8mg 的碳材料萃取 10mL 2mg/L 的两种拟除虫菊酯的混合溶液来评估不同碳材料的萃取效率。结果如图 2.27 所示，相比于其他材料，3D Co/Ni@C 对拟除虫菊酯展现出了最高的萃取效率。该结果说明独特的结构可以提高材料的萃取能力，这归因于 3D 中空多孔骨架可减少扩散路径的阻力并提高目标分析物的转移速率，并且它还同时暴露了内表面和外表面上更多的吸附位点。另外，Co/Ni 成分的存在有助于材料构建独特的结构并提供了出色的磁性性能以简化分离步骤。石墨碳成分主要通过与苯环基化合物形成稳定的 π 相互作用而起到吸附目标分析物的作用。因此，选择 3D Co/Ni@C 作为磁性吸附剂进行以下实验。

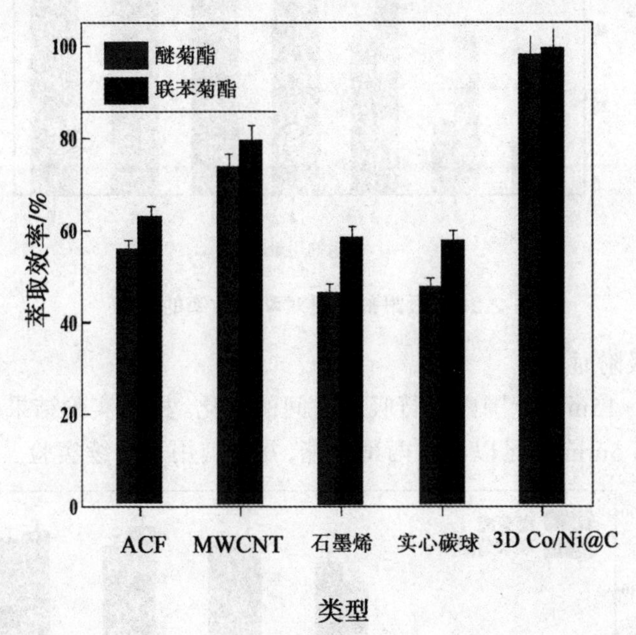

图 2.27　ACF、MWCNT、石墨烯、实心碳球、3D Co/Ni@C 的萃取效率对比

2.2.3.3　条件优化

为实现最佳的萃取效率，需要考虑包括吸附条件及洗脱条件等因素。在 10mL 2mg/L 拟除虫菊酯混合溶液中进行优化实验，实验平行重复 3 次。

(1)吸附剂用量

在样品溶液中使用不同量的3D Co/Ni@C(范围为1～10mg)来萃取醚菊酯和联苯菊酯。根据实验结果(图2.28)可知,8mg的3D Co/Ni@C足以萃取两种菊酯,并选其用于后续实验。

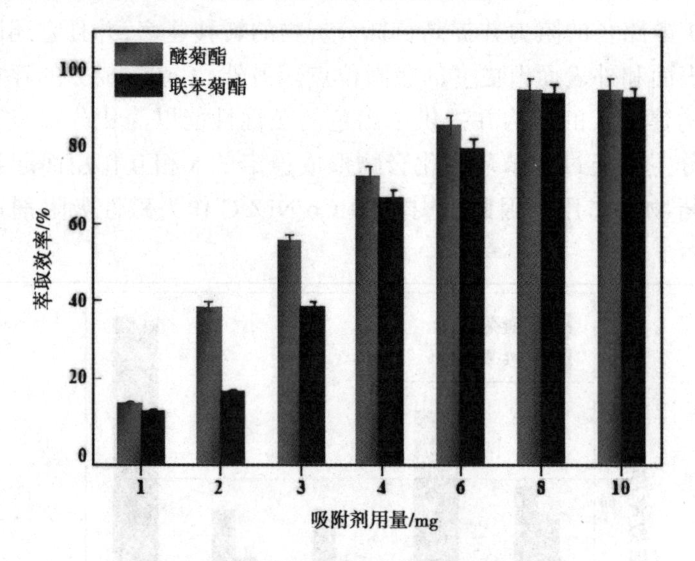

图2.28　吸附剂用量对萃取效率的影响

(2)吸附时间

在1～15min范围内进行吸附时间的优化。根据实验结果(图2.29)可知,振荡5min时足以萃取两种菊酯,并选其用于后续实验。

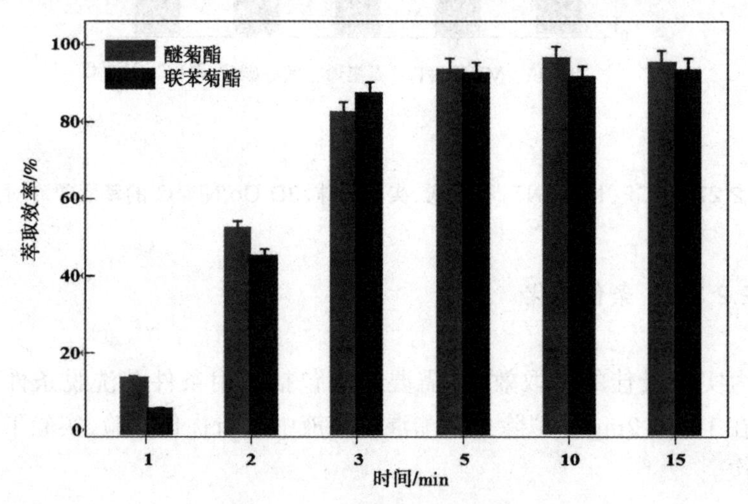

图2.29　吸附时间的优化

（3）溶液 pH 的影响

在 pH 范围 2.0 ～ 12.0 内探究了初始溶液 pH 对萃取效率的影响。如图 2.30 所示，溶液的 pH 基本对萃取效率无影响。因此，溶液 pH 无须调节（初始溶液 pH 值为 6.02）。

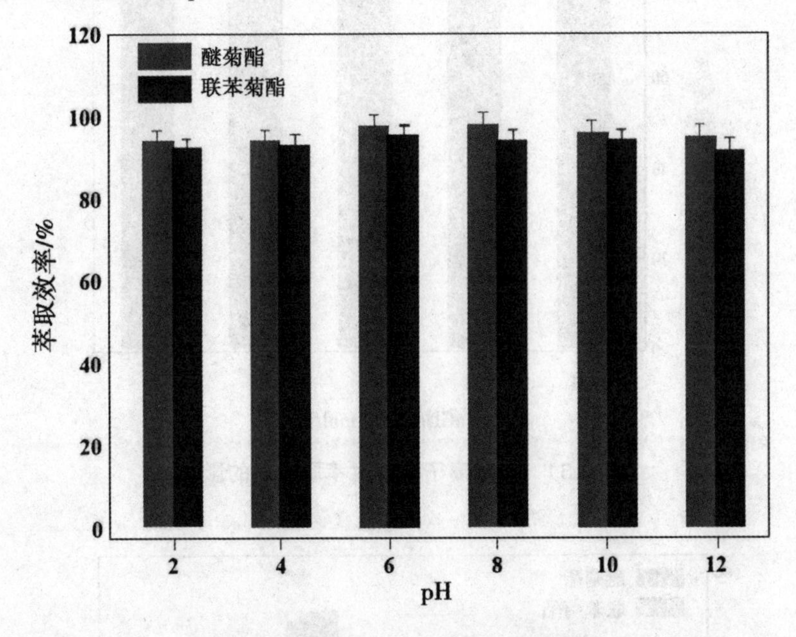

图 2.30　溶液 pH 对萃取效率的影响

（4）溶液离子强度的影响

以改变溶液中 NaCl 浓度（0 ～ 1mol/L）的方式对离子强度进行调节从而研究其对吸附效率的影响。由结果所知（图 2.31），吸附效率未随着离子强度的增加而发生明显变化，因此样品溶液的离子强度未被调节。

（5）洗脱溶剂的选择

甲醇（MeOH）、乙醇（EtOH）、丙酮（Acetone）、乙腈（ACN）、ACN（3%，1mol/L，HCl）、ACN（3%，1mol/L，CH_3COOH）和 ACN（3%，1mol/L，NaOH）被用作洗脱溶剂对目标物的洗脱进行了研究。结果（图 2.32）表明，当使用 ACN（3%，1mol/L，HCl）时，获得了目标分析物的最大解吸效率。因此，选其用于随后的实验。

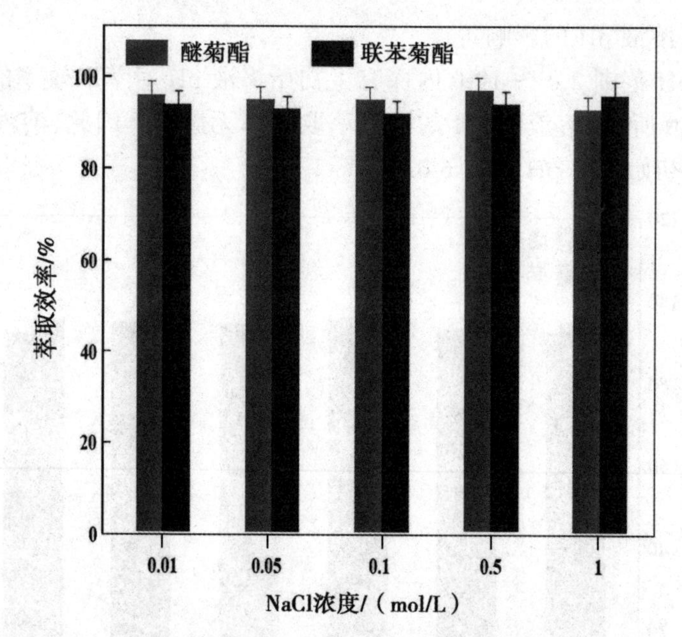

图 2.31　溶液离子强度对萃取效率的影响

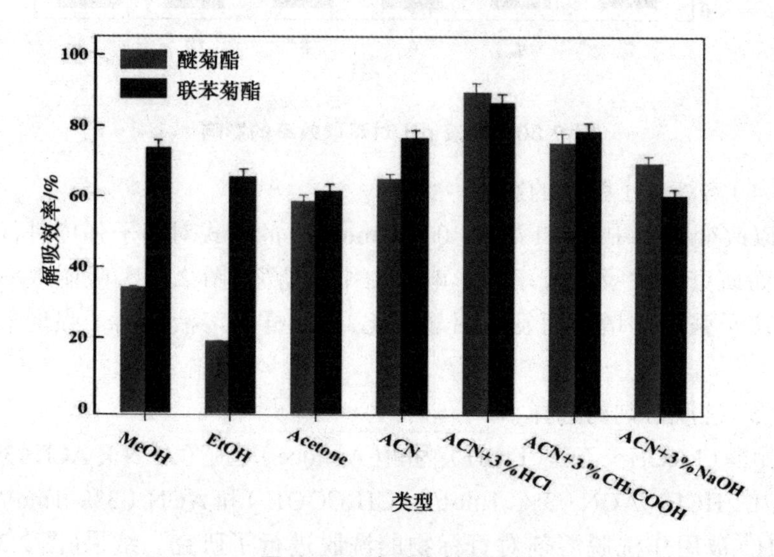

图 2.32　洗脱溶剂的选择

（6）洗脱溶剂体积的选择

在 2 ～ 10mL 内对洗脱液体积进行了优化。由结果可知(图 2.33)，6mL 洗脱液足以从 3D Co/Ni@C 上分离出目标分析物，并将其用于后续实验。

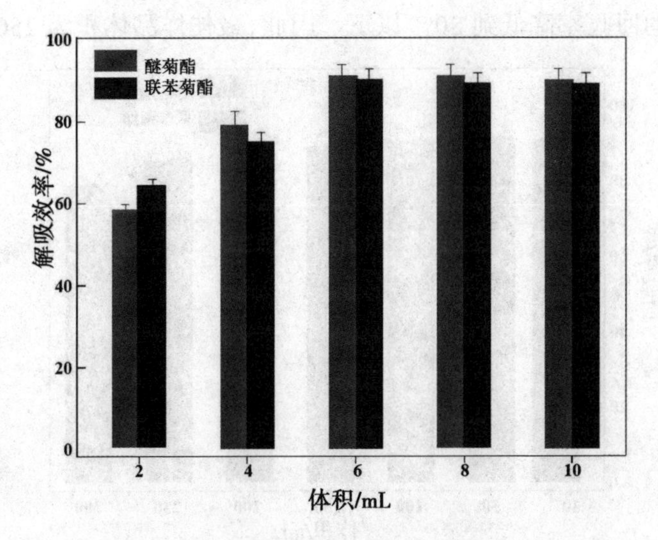

图 2.33　洗脱溶剂体积的优化

（7）洗脱时间的优化

在 2 ～ 10min 内对洗脱时间进行了优化。由结果可知（图 2.34），6min 的洗脱时间效果最佳，并将其选择用于随后的实验。

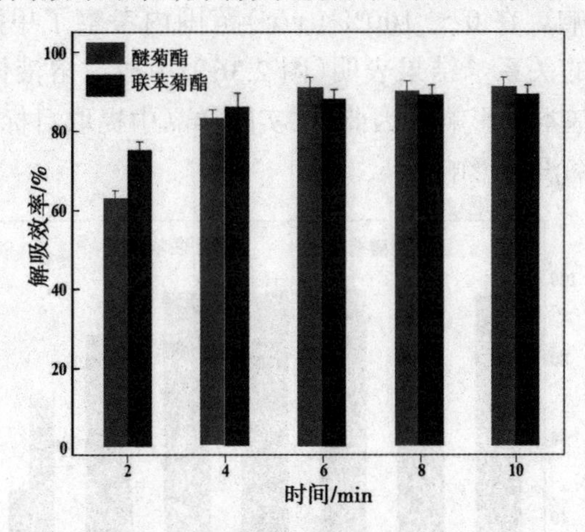

图 2.34　洗脱时间的优化

（8）溶液体积的影响

本节考察了样品溶液体积对两种拟除虫菊酯定量分析的影响，将 10mL 2mg/L 的菊酯混合溶液用不同体积的去离子水进行稀释至 10 ～ 300mL，如图 2.35 所示，当体积为 250mL 时，仍可使拟除虫菊酯的回收率达到 85% 以上。但当样品体积增加到 300mL 以上时，两种拟除虫菊酯的回收率降低到 80% 以下。因此,最佳样品体积为 250mL。

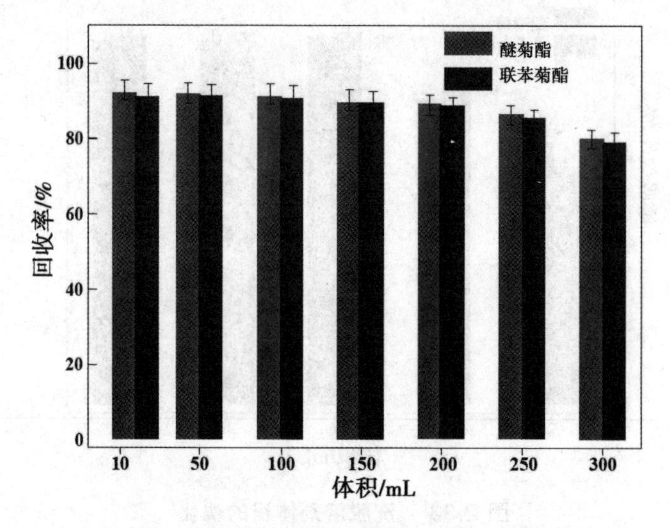

图 2.35 样品溶液体积对回收率的影响

(9)溶液中甲醇占比的影响

由于实际样品中拟除虫菊酯的提取需要甲醇,因此需要讨论甲醇对萃取效率的影响。在 0 ～ 100%(*v/v*)范围内考察了甲醇的添加量与萃取效率之间的关系。结果表明(图 2.36),甲醇占溶液体积的 50% 以下对萃取效率基本无影响。因此,在实际样品中提取目标物时使用少量甲醇对提取效率没有影响。

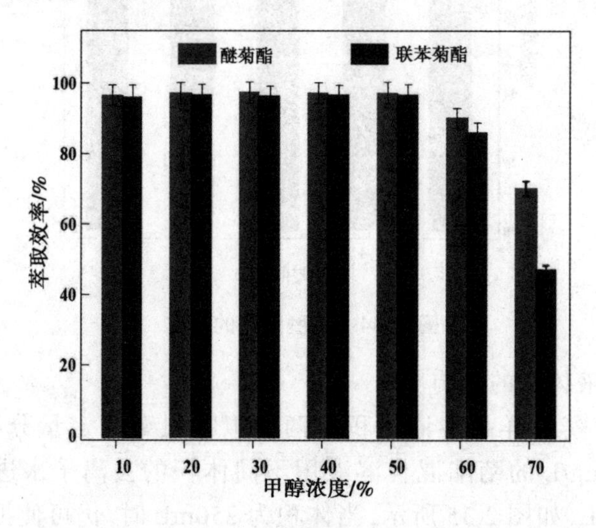

图 2.36 溶液中甲醇占比的影响

2.2.3.4　吸附机理

吸附机理是吸附行为研究的重要组成部分。XRD 与拉曼研究已经证明了 3D Co/Ni@C 中石墨碳成分的存在。因此，Co/Ni@C 上存在大量的离域π电子体系，这可以与拟除虫菊酯中苯环上的π电子系统进行相互作用。因此，π-π 相互作用可能作为主要驱动力从而引导该吸附过程。使用 FT-IR 光谱进一步证实了拟除虫菊酯和 3D Co/Ni@C 之间存在 π-π 相互作用。如图 2.37 所示，3D Co/Ni@C 成功吸附拟除虫菊酯后，拟除虫菊酯中 C═O/C═C 的拉伸振动带从 $1726cm^{-1}/1610cm^{-1}$ 转移到 $1720cm^{-1}/1592cm^{-1}$，这表明分子的电子云分布已经发生了改变，这种改变是由于在吸附过程中 3D Co/Ni@C 与拟除虫菊酯之间存在π相互作用而产生的[37]。此外，以碳材料为吸附剂进行的吸附过程通常伴随着疏水作用的出现。由于 3D Co/Ni@C 的疏水表面，其为拟除虫菊酯提供了均匀分布的疏水位点，因此 3D Co/Ni@C 与拟除虫菊酯之间可能存在疏水相互作用。但是，离子强度影响的结果表明，随着离子强度的增加，萃取效率没有明显变化，表明疏水作用并不是最主要的吸附机理。因此，π-π 相互作用是主要的吸附机理。由于其具有石墨烯成分，3D Co/Ni@C 可能对芳族有机物均具有良好的萃取能力。

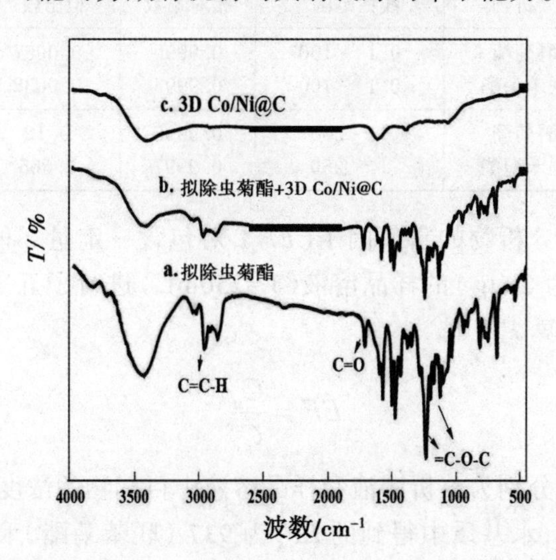

图 2.37　拟除虫菊酯（a）、3D Co/Ni@C（b）和吸附拟除虫菊酯的 3D Co/Ni@C（c）的 FT-IR 光谱

2.2.3.5 方法评估

（1）分析性能

为了避免真实样品中基质的干扰，在最佳实验条件下，通过绘制所测峰面积与加标的水样样品 / 黄瓜样品中分析物浓度的关系图，建立了基于自来水和黄瓜基质的基质标准曲线。通过将检测样品的色谱峰面积计入基质标准曲线以确定分析物浓度，可以对不同样品中的目标分析物进行定量分析。如表 2.6 所示，醚菊酯和联苯菊酯的基质标准曲线 0.1 ～ 100ng/mL（基质：自来水）和 1 ～ 250ng/g（基质：黄瓜）在范围内呈线性，并具有良好的线性（$0.9990<R^2<0.9997$）。LOD 在 0.0038 ～ 0.0067ng/mL（基质：自来水）和 0.065 ～ 0.12ng/g（基质：黄瓜），LOQs 为 0.013 ～ 0.022ng/mL（基质：自来水）和 0.22 ～ 0.41ng/g（基质：黄瓜）。此外，通过测量不同浓度的目标物对该方法的日间精密度（连续三天进行平行实验）和日内精密度（同日内五次平行实验），结果表明，日间和日内实验的相对标准偏差（RSDs）的范围分别在 4.5% ～ 5.8% 和 3.7% ～ 5.4%，说明该方法具有良好的可重复性。

表 2.6 d-MSPE-HPLC-UV 测定醚菊酯和联苯菊酯的方法学考察

基质	分析物	线性范围[a]	相对系数	检出限[a]	LOQ[a]
自来水	醚菊酯	0.1 ～ 100	0.9990	0.0067	0.022
	联苯菊酯	0.1 ～ 100	0.9993	0.0038	0.013
黄瓜	醚菊酯	1 ～ 250	0.9995	0.12	0.41
	联苯菊酯	1 ～ 250	0.9997	0.065	0.22

为了计算分析物的富集因子（*EF*），对包含一定量 2 种拟除虫菊酯（每种含量均为 20μg）的样品溶液（V=250mL）进行了五次重复。使用以下方程式计算 *EF*：

$$EF = \frac{C_a}{C_s}$$

其中，C_a 和 C_s 分别为分析溶液和样品溶液中目标物的浓度。结果显示，在最佳条件下，水基质中得到的 EF_s 为 937（联苯菊酯）和 1012（醚菊酯），具有良好的预富集能力。表 2.7 中的数据表明，d-MSPE 中拟除虫菊酯的 EF_s（联苯菊酯 < 醚菊酯）与它们各自的 log*P* 值（油 / 水分离系数）

（联苯菊酯 < 醚菊酯）为正相关。这一现象表明 3D Co/Ni@C 与目标物之间可能存在疏水作用力 [38]。

表 2.7　醚菊酯和联苯菊酯的化学结构、理化性质和富集因子（EF_s）

分析物	结构	分子量	油水 / 水分离系数	富集因子 EF_s
醚菊酯	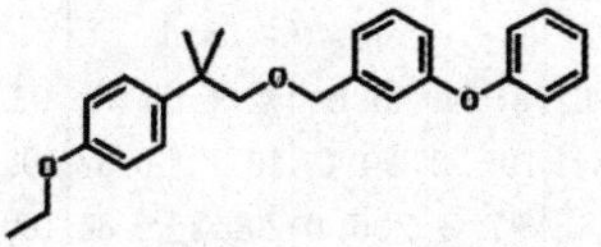	376.488	7.34	1012
联苯菊酯	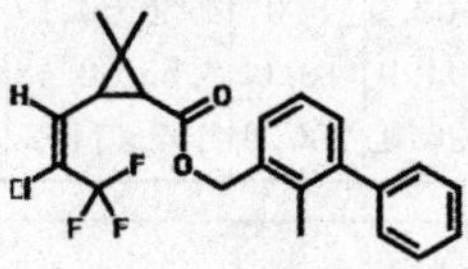 H Cl F F F O O	422.868	7.30	937

（2）3D Co/Ni@C 的再生能力研究

通过多次吸附 / 脱附循环测试来评估 3D Co/Ni@C 的再生性能（见表 2.8）。结果观察到萃取效率微降低甚微，这不仅由于该材料具有优异磁性，并且凭借了其自身良好的结构稳定性，使其在吸附剂回收过程中损失较少。该材料在循环过程中的表现 3D Co/Ni@C 使用了 8 个循环，萃取效率仍达到 80% 以上，表明该吸附剂在 d-MSPE 中具有较好的稳定性。

表 2.8　3D Co/Ni@C 的循环性能

循环次数	萃取效率 /%								RSD/%
	1st	2nd	3rd	4th	5th	6th	7th	8th	
醚菊酯	98	98	97	92	93	90	87	85	2.76
联苯菊酯	96	97	94	95	88	84	86	83	1.69

（3）应用于实际样品

为了评估该方法的实际应用潜力，对加标样品（包括自来水、河水、黄瓜和卷心菜）进行了分析，结果列于表 2.9。从样品中获得的加标目标物的平均回收率在 85.6% ～ 106.9% 的范围内，且 RSDs<5.93%（n=5），结果表明，所提出的方法在真实样品中同时测定醚菊酯和联苯菊酯的方法具有可靠的回收率和准确性。图 2.38 为经过了基于 3D

Co/Ni@C 的 d-MSPE 前处理后的河水的代表性图。

表 2.9 实际样品的分析结果

样品	加标浓度[a]	自来水		河水			黄瓜		卷心菜	
		检出限[a]	Rb/%	检出限[a]	Rb/%	加标浓度[a]	检出限[a]	Rb/%	检出限[a]	Rb/%
醚菊酯	0	n.d.	–	n.d.	–	0	n.d.	–	n.d.	–
	0.5	0.49±0.02	98.5	0.43±0.02	86.4	5.0	4.66±0.21	93.2	4.38±0.18	87.6
	10.0	9.24±0.36	92.4	10.5±0.44	105.3	10.0	10.25±0.37	102.5	10.27±0.31	102.7
	50.0	51.8±1.85	103.6	48.6±2.15	97.2	200.0	201.2±9.86	100.6	191.6±6.52	95.8
联苯菊酯	0	n.d.	–	n.d.	–	0	n.d.	–	n.d.	–
	0.5	0.47±0.02	94.1	0.51±0.03	102.9	5.0	4.56±0.19	91.2	4.79±0.11	95.7
	10.0	9.71±0.44	97.1	9.49±0.32	94.9	10.0	8.56±0.48	85.6	10.69±0.42	106.9
	50.0	51.3±2.3	102.6	48.2±1.95	96.4	200.0	197±11.2	98.5	192.4±8.13	96.2

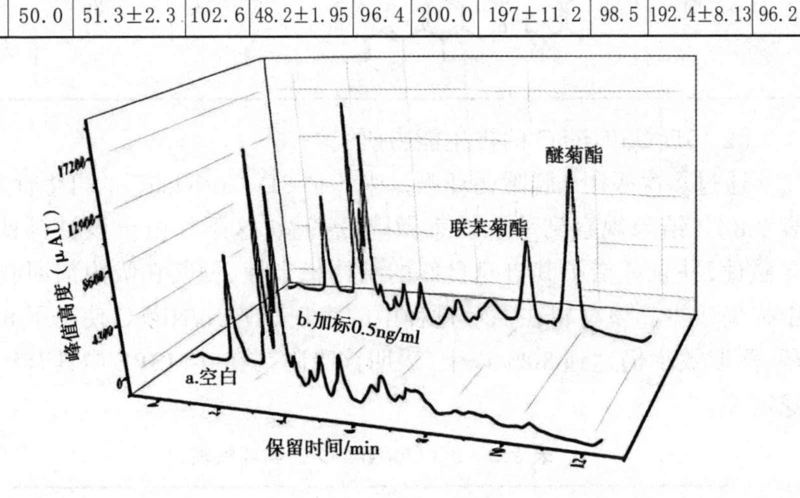

图 2.38 空白河水样品（a）和加标 0.5ng/mL 拟除虫菊酯的河水样品（b）的代表性色谱图

（4）方法对比

本节的 3D Co/Ni@C 基 d-MSPE-HPLC-UV 方法与其他已报道的测定拟除虫菊酯的分析方法进行了比较(表 2.10)。与其他已报道的检测水样样品中拟除虫菊酯的方法相比,该分析方法线性范围宽,检出限低,富集因子高以及回收率令人满意。与其他已报道的检测蔬菜样品中拟除虫菊酯的方法相比,该分析方法也显示出令人满意的结果。因此,事实证明 3D Co/Ni@C 是同时萃取两种拟除虫菊酯的有效吸附剂。

表 2.10　方法对比

方法	样品	吸附剂	线性范围[a]	富集因数	检出限[a]	回收率 /%
DLLME-HPLC	蔬菜	$CHCl_3$	5.0 ～ 300	—	0.5 ～ 1	84.6 ～ 97.5
d-SPE-HPLC	蔬菜	magnetic silica	5.0 ～ 500	—	0.69 ～ 1.2	76.0 ～ 99.5
d-MSPE-HPLC	蔬菜	3D Co/Ni@C	1.0 ～ 250	—	0.065 ～ 0.12	85.6 ～ 106.9
DLLME-HPLC	水	IL-Fe_3O_4	1.0 ～ 100	176 ～ 213	0.16 ～ 0.21	80.2 ～ 117.3
SPE-HPLC	水	SiO_2	0.1 ～ 50	—	0.02 ～ 0.08	88.9 ～ 110.4
d-SPE-HPLC	水	β-CD/ATP	2.5 ～ 500	—	0.15 ～ 1.03	62.3 ～ 94.4
d-MSPE-HPLC	水	3D Co/Ni@C	0.1 ～ 100	937 ～ 1012	0.0038 ～ 0.0067	86.4 ～ 105.3

2.2.4　结论

中空多孔 3D Co/Ni@C 被成功制备并作为吸附剂结合 d-MSPE-HPLC-UV 成功地同时测定了环境水样和蔬菜样品中的两种拟除虫菊酯。3D Co/Ni@C 展现了对拟除虫菊酯的优异提取能力、极强的磁性和较好的循环稳定性。针对测定拟除虫菊酯所建立的以 d-MSPE 结合 HPLC-UV 方法展现了较高的灵敏度、较宽的线性范围以及较好的重现性。在今后的工作中，为了扩大该方法的应用范围，有必要在材料的选择性上进行探索，并研究该方法对其他复杂样品的适用性。

参考文献

[1] BAGHERI H, YAMINI Y, SAFARI M, et al. Simultaneous determination of pyrethroids residues in fruit and vegetable samples via supercritical fluid extraction coupled with magnetic solid phase extraction followed by HPLC-UV [J]. The Journal of Supercritical Fluids, 2016, 107: 571-580.

[2] ZHANG Y, WANG X, LIN C P, et al. A novel SPME fiber chemically linked with 1-vinyl-3-hexadecylimidazolium

hexafluorophosphate ionic liquid coupled with GC for the simultaneous determination of pyrethroids in vegetables [J]. Chromatographia, 2012, 75 (13): 789-797.

[3] YU X, YANG H S. Pyrethroid residue determination in organic and conventional vegetables using liquid-solid extraction coupled with magnetic solid phase extraction based on polystyrene-coated magnetic nanoparticles [J]. Food Chemistry, 2017, 217: 303-310.

[4] WANG W P, ZHU H L, CUI S M, et al. Ultrasound-assisted dispersive liquid–liquid microextraction based on solidification of floating organic droplets coupled with gas chromatography for the determination of pesticide residues in water samples [J]. Analytical Methods, 2014, 6 (10): 3388-3394.

[5] RASHIDI NODEH H, SERESHTI H, GAIKANI H, et al. Magnetic graphene coated inorganic-organic hybrid nanocomposite for enhanced preconcentration of selected pesticides in tomato and grape [J]. Journal of Chromatography A, 2017, 1509: 26-34.

[6] YE L, CHAI G L, WEN Z H. Zn-MOF-74 derived N-doped mesoporous carbon as pH-universal electrocatalyst for oxygen reduction reaction [J]. Advanced Functional Materials, 2017, 27 (14): 160-190.

[7] IBARRA I S, MIRANDA J M, RODRIGUEZ J A, et al. Magnetic solid phase extraction followed by high-performance liquid chromatography for the determination of sulphonamides in milk samples [J]. Food Chemistry, 2014, 157: 511-517.

[8] MARIÑO-REPIZO L, KERO F, VANDELL V, et al. A novel solid phase extraction–Ultra high performance liquid chromatography–tandem mass spectrometry method for the quantification of ochratoxin A in red wines [J]. Food Chemistry, 2015, 172: 663-668.

[9] DAS R, PACHFULE P, BANERJEE R, et al. Metal and metal oxidenanoparticle synthesis from metal organic frameworks (MOFs): Finding the border of metal and metal oxides [J]. Nanoscale, 2012, 4 (2): 591-599.

[10] SONG Y H, LI X, SUN L L, et al. Metal/metal oxide

nanostructures derived from metal–organic frameworks [J]. RSC Advances, 2015, 5 (10): 7267-7279.

[11] KRETSCHMER F, MANSFELD U, HOEPPENER S, et al. Tunable synthesis of poly (ethylene imine)–gold nanoparticle clusters [J]. Chem Commun, 2014, 50 (1): 88-90.

[12] CHAIKITTISILP W, ARIGA K, YAMAUCHI Y. A new family of carbon materials: Synthesis of MOF-derived nanoporous carbons and their promising applications [J]. Journal of Materials Chemistry A, 2013, 1 (1): 14-19.

[13] PAN Y, ZHAO Y X, MU S J, et al. Cation exchanged MOF-derived nitrogen-doped porous carbons for CO_2 capture and supercapacitor electrode materials [J]. Journal of Materials Chemistry A, 2017, 5 (20): 9544-9552.

[14] SHI X H, BAN J J, ZHANG L, et al. Preparation and exceptional adsorption performance of porous MgO derived from a metal–organic framework [J]. RSC Advances, 2017, 7 (26): 16189-16195.

[15] ZHAO G H, FANG Y Y, DAI W, et al. Copper-containing porous carbon derived from MOF-199 for dibenzothiophene adsorption [J]. RSC Advances, 2017, 7 (35): 21649-21654.

[16] XIAO L L, XU R Y, YUAN Q H, et al. Highly sensitive electrochemical sensor for chloramphenicol based on MOF derived exfoliated porous carbon [J]. Talanta, 2017, 167: 39-43.

[17] ZHANG S, LI D H, CHEN S, et al. Highly stable supercapacitors with MOF-derived Co_9S_8/carbon electrodes for high rate electrochemical energy storage [J]. Journal of Materials Chemistry A, 2017, 5 (24): 12453-12461.

[18] FU Y A, HUANG Y, XIANG Z H, et al. Phosphorous–nitrogen-codoped carbon materials derived from metal–organic frameworks as efficient electrocatalysts for oxygen reduction reactions [J]. European Journal of Inorganic Chemistry, 2016, 2016 (13/14): 2100-2105.

[19] WANG Z J, LU Y Z, YAN Y, et al. Core-shell carbon materials

derived from metal-organic frameworks as an efficient oxygen bifunctional electrocatalyst [J]. Nano Energy, 2016, 30: 368-378.

[20] LIU X M, AI L H, JIANG J. Interconnected porous hollow CuS microspheres derived from metal-organic frameworks for efficient adsorption and electrochemical biosensing [J]. Powder Technology, 2015, 283: 539-548.

[21] HAO L, WANG C, WU Q H, et al. Metal-organic framework derived magnetic nanoporous carbon: Novel adsorbent for magnetic solid-phase extraction [J]. Analytical Chemistry, 2014, 86 (24): 12199-12205.

[22] LIU X L, WANG C, WU Q H, et al. Magnetic porous carbon-based solid-phase extraction of carbamates prior to HPLC analysis [J]. Microchimica Acta, 2016, 183 (1): 415-421.

[23] WANG Y, TONG Y, XU X, et al. Metal-organic framework-derived three-dimensional porous graphitic octahedron carbon cages-encapsulated copper nanoparticles hybrids as highly efficient enrichment material for simultaneous determination of four fluoroquinolones [J]. Journal of Chromatography A, 2018, 1533: 1-9.

[24] LI M H, WANG J M, JIAO C N, et al. Magnetic porous carbon derived from a Zn/Co bimetallic metal–organic framework as an adsorbent for the extraction of chlorophenols from water and honey tea samples [J]. Journal of Separation Science, 2016, 39 (10): 1884-1891.

[25] BHADRA B N, AHMED I, KIM S, et al. Adsorptive removal of ibuprofen and diclofenac from water using metal-organic framework-derived porous carbon [J]. Chemical Engineering Journal, 2017, 314: 50-58.

[26] AHMED I, BHADRA B N, LEE H J, et al. Metal-organic framework-derived carbons: Preparation from ZIF-8 and application in the adsorptive removal of sulfamethoxazole from water [J]. Catalysis Today, 2018, 301: 90-97.

[27] LIU X L, FENG T, WANG C H, et al. A metal–organic

framework-derived nanoporous carbon/iron composite for enrichment of endocrine disrupting compounds from fruit juices and milk samples [J]. Analytical Methods, 2016, 8 (17): 3528-3535.

[28] HE X, YANG W, LI S J, et al. An amino-functionalized magnetic framework composite of type Fe_3O_4-NH_2@MIL-101 (Cr) for extraction of pyrethroids coupled with GC-ECD [J]. Microchimica Acta, 2018, 185 (2): 125.

[29] JIAO Y, PEI J, CHEN D H, et al. Mixed-metallic MOF based electrode materials for high performance hybrid supercapacitors [J]. Journal of Materials Chemistry A, 2017, 5 (3): 1094-1102.

[30] DAS S, KIM H, KIM K. Metathesis in single crystal: Complete and reversible exchange of metal ions constituting the frameworks of metal-organic frameworks [J]. Journal of the American Chemical Society, 2009, 131 (11): 3814-3815.

[31] LAMMERT M, GLIBMANN C, STOCK N. Tuning the stability of bimetallic Ce (iv)/Zr (iv)-based MOFs with UiO-66 and MOF-808 structures [J]. Dalton Transactions, 2017, 46 (8): 2425-2429.

[32] HU J, YU H J, DAI W, et al. Enhanced adsorptive removal of hazardous anionic dye "congo red" by a Ni/Cu mixed-component metal–organic porous material [J]. RSC Advances, 2014, 4 (66): 35124-35130.

[33] ZHOU Z Y, MEI L, MA C, et al. A novel bimetallic MIL-101 (Cr, Mg) with high CO_2 adsorption capacity and CO_2/N_2 selectivity [J]. Chemical Engineering Science, 2016, 147: 109-117.

[34] SMITH S J D, LADEWIG B P, HILL A J, et al. Post-synthetic Ti exchanged UiO-66 metal-organic frameworks that deliver exceptional gas permeability in mixed matrix membranes [J]. Scientific Reports, 2015, 5: 7823.

[35] MA R Y, HAO L, WANG J M, et al. Magnetic porous carbon derived from a metal–organic framework as a magnetic solid-phase extraction adsorbent for the extraction of sex hormones from water and human urine [J]. Journal of Separation Science, 2016, 39(18):

3571-3577.

[36] HUANG X J, QIU N N, YUAN D X, et al. Preparation of a mixed stir bar for sorptive extraction based on monolithic material for the extraction of quinolones from wastewater [J]. Journal of Chromatography A, 2010, 1217 (16): 2667-2673.

[37] ZHANG S H, YANG Q, YANG X M, et al. A zeolitic imidazolate framework based nanoporous carbon as a novel fiber coating for solid-phase microextraction of pyrethroid pesticides [J]. Talanta, 2017, 166: 46-53.

2.3 磁性层级碳骨架材料的构建及其在邻苯二甲酸酯类增塑剂分析中的应用

2.3.1 引言

邻苯二甲酸酯类(PAEs)作为增塑剂已广泛应用于工业聚合物中，因为它可以增强聚合物的柔韧性、透明度、美学价值和使用寿命[1]。由于PAEs与产品之间不是以化学键结合的,因此它们在生产和使用过程中相对容易释放并迁移到生态系统或水环境中[2-4]。此外,由于广泛使用塑料作为食品容器，PAEs对食品的污染最近已成为主要的公共卫生问题(干扰内分泌系统和阻碍生殖器发育[5])。目前,美国环境保护署和其他组织已经将某些PAEs定义为优先毒性污染物[6]。因此,发展用于检测真实样品中痕量PAEs残留的简单可靠、灵敏高效的分析方法是十分必要的。

迄今为止,已经提出了许多前处理方法来对复杂样品基质中的PAEs进行预浓缩。分散磁性固相萃取(d-MSPE)已引起广泛的关注，因为它可轻松利用外部磁铁完成相分离而无须使用额外的过滤或离心步骤,这一特点使分离步骤变得更快、更简单[7,8]。但是,对于d-MSPE，探索和开发具有低成本和高性能的理想吸附剂材料对于有效萃取分析物具有重要意义。

近年来,已经开发了各种各样的固相萃取(SPE)吸附剂,例如:层状双氢氧化物[9,10]、二氧化硅基材料[11]、聚合物[12-16]、碳材料[16,25,26,27]。在碳材料中,由于均匀的多孔结构、互连的骨架和大的孔体积,多孔碳已引起越来越多的关注。特别是金属有机骨架(MOF)衍生的多孔碳,由于其合成方法简单、介孔结构高度有序、表面积大、化学稳定性和热稳定性好[17,33],目前已经成为新兴的吸附剂材料。如:HKUST-1(Cu)、MIL-101(Cr)、Co-MOF 衍生的碳材料已经被报道用作检测环境污染物的吸附剂[18,28,29]。然而,MOF 衍生的多孔碳在煅烧过程中会由于形成新的 C—C 或 C—N 键而造成一定程度的不可逆的融合和聚集[22,23,24]。由 MOF 衍生的碳单体之间的相互聚合将降低其原本的有效表面积并减少其吸附位点的数量,从而限制了它的吸附能力。合理地设计将 MOF 锚定在基底上的策略,可以避免碳化过程中 MOF 单体之间的聚集。层级碳骨架(HCF)由于其出色的连续网络结构、较短的扩散路径、较高的热 / 化学稳定性和较大的比表面积,它可能是提高材料性能的基底 / 框架的理想选择。选择 HCF 作为 MOF 的基底时,不仅可以避免煅烧过程中 MOF 单体的团聚,而且可以与 MOF 衍生的碳协同吸附目标分析物。

在这项工作中,我们提出了一种构建三维磁性多孔 N-Co@carbon/层级碳框架(3DN-Co@C/HCF)的策略。首先将 zeolitic-imidazolate-framework-67(ZIF-67)整合到 HCF 中作为前体,然后通过简单的煅烧过程就得到 3DN-Co@C/HCF。通过碳骨架的引入,MOF 单体均匀地分布在 HCF 上,有效抑制了碳化过程中 MOF 单体的融合和聚集;同时,碳框架自身也可提供额外的吸附位点以及更好的机械稳定性;3DN-Co@C/HCF 对 PAEs 展现出了优异的萃取能力以及可重用性;开发了一种 3DN-Co@C/HCF 基的 d-MSPE 结合 HPLC-UV 的方法,用于测定实际样品中痕量的 PAEs。

2.3.2 实验部分

2.3.2.1 实验试剂

甲醇(HPLC 级)、乙腈(HPLC 级)、葡萄糖、碳酸钠(Na_2CO_3)、六水合硝酸钴 [$Co(NO_3)_2 \cdot 6H_2O$] 和二甲基咪唑(2-MI)购买自国药集团化学试剂有限公司(中国沈阳)。邻苯二甲酸二环己基酯(DCHP)、邻苯二甲酸二乙酯(DEP)、邻苯二甲酸二丁酯(DBP)、邻苯二甲酸丁苄酯(BBP)、邻苯二甲酸二甲酯(DMP)自阿拉丁试剂有限公司(中国上海)获得。

通过将适量的分析物溶解在甲醇中来制备含有分析物的储备溶液(1g/L),并在黑暗条件下于 4℃储存。通过用去离子水稀释储备溶液,得到含有 1mg/L 的 5 种 PAEs 的混合溶液。

2.3.2.2 实验仪器

实验仪器如表 2.11 所示。

表 2.11 实验仪器

仪器名称	型号	厂商
扫描电子显微镜(SEM)	SU8000	日本 HITACHI
X 射线粉末衍射仪(XRD)	D5000	德国 Siemens
激光共聚焦显微拉曼光谱(Raman)	LabRAM XploRA	法国 HORIBA
气体吸附分析仪	ASIQ-C	美国 Quantachrome
傅里叶变换红外光谱(FT-IR)	5700	美国 Nicolet
高效液相色谱(HPLC)	SPD-16	日本 Shimadzu

2.3.2.3 材料的制备

(1)HCF 的制备

HCF 是通过自组装辅助方法合成的,其中葡萄糖和碳酸钠分别充当碳源和模板。首先,将 40g 碳酸钠和 2.5g 葡萄糖溶于 150mL 去离子水中形成溶液。将混合溶液冷冻干燥，然后将粉末在 N_2 下于 650℃煅烧 2h。随后将其浸入去离子水中以除去模板，并在 60℃下干燥过夜，就得到了 HCF。

（2）ZIF-67/HCF 的制备

将 60mg 的 HCF 和 656mg 的 $Co(NO_3)_2 \cdot 6H_2O$ 加入 50mL 甲醇中进行搅拌形成溶液。同时将 1.3g 2-MI 溶于 40mL 甲醇中。然后混合两种溶液，在搅拌 10min 后静置 24h。待反应结束，通过离心将产物分离，然后进一步用乙醇反复洗涤，随后在 60℃下干燥过夜，最终获得了 ZIF-67/HCF。

（3）3D N-Co@C/HCF 的制备

将 ZIF-67/HCF 在 N_2 气氛中进行煅烧（700℃，2h，5℃/min），从而获得 3D N-Co@C/HCF。基于 HCF 的 ZIF-67 衍生的 3D N-Co@C/HCF 的制备示意图如图 2.39 所示。

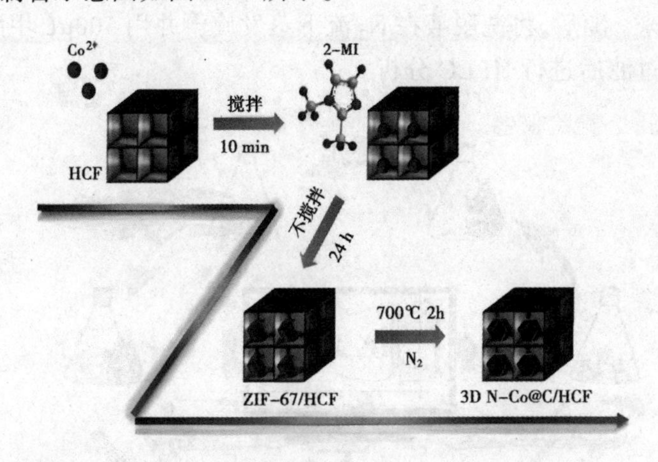

图 2.39　3D N-Co@C/HCF 的合成示意图

（4）N-Co@C 的制备

N-Co@C 被合成以进行材料对比。将 $Co(NO_3)_2 \cdot 6H_2O$ 与 2-MI 分别溶于甲醇中。然后混合两种溶液，在搅拌 10min 后静置 24h。待反应结束，通过离心将产物分离，然后进一步用乙醇反复洗涤，随后在 60℃下干燥过夜，最终获得了 ZIF-67。将上述获得的 ZIF-67 在 N_2 气氛中进行煅烧（700℃，2h，5℃/min）从而获得 N-Co@C。

2.3.2.4 实际样品处理

河水和塑料包装的饮品(绿茶、运动饮料、白酒)分别从新开河(中国沈阳)采集和当地市场(中国沈阳)购买。将样品过滤后(0.45mm,PTFE),存储备用。

2.3.2.5 d-MSPE 过程

d-MSPE 过程如图 2.40 所示。首先,将 30mg 3D N-Co@C/HCF 添加到 150mL 样品溶液中。将混合物以 180rpm 的频率振荡 20min,然后使用强磁铁将 3D N-Co@C/HCF 从溶液中分离出来。接下来以 6.0mL 乙腈用作洗脱液以超声的方式(10min)将分析物从 3D N-Co@C/HCF 上洗脱下来。随后,将洗脱液在 N_2 流下蒸发旋干并用 500μL 甲醇回溶,将回溶液过滤后进行 HPLC 分析。

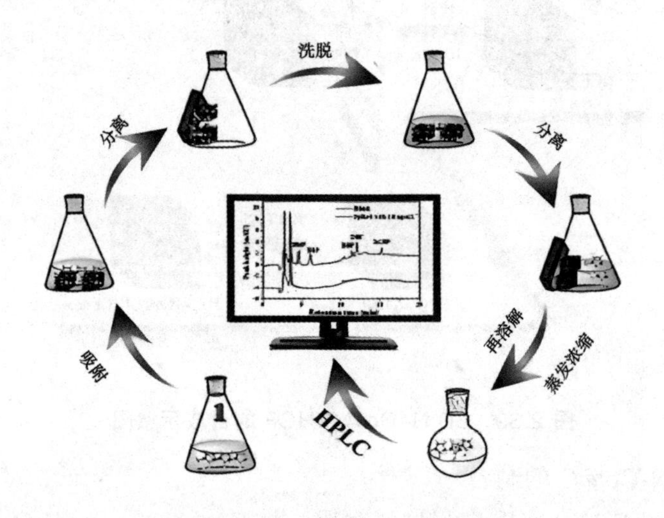

图 2.40 d-MSPE 过程示意图

2.3.2.6 HPLC 分析

HPLC 系统配备紫外检测器,色谱柱为 ZORBAXSB-C18(150mm × 4.6mm,5μm)。流动相为超纯水(A 泵)—乙腈(B 泵),使用梯度洗脱模式，条件如下：0-5min，70% ～ 95%B；5 ～ 15min，95%B；15 ～ 20min，95% ～ 70%B。流速、进样量、检测波长和柱温，分别设置为 0.5mL/min、20μL、230nm 和 30℃。

2.3.3　结果与讨论

2.3.3.1　材料表征

采用 SEM 对 HCF、ZIF-67/HCF 和 3D N-Co@C/HCF 的微观形貌进行观察。从图 2.41（A）可知，HCF 的体系结构显示了一个典型的 3D 层级多孔网络骨架，该骨架是通过厚度约 5nm 的超薄碳纳米片有序地互连组装而成的。此外，该图像显示在碳纳米网络骨架的壁上存在范围在 50 ～ 500nm 的巨大孔隙。如图 2.41（B）所示，从该图像中可以清楚地看到 ZIF-67 的形貌为表面光滑且大小均匀的十二面体，尺寸约为 200nm，并且十二面体在碳框架上均匀生长，形成笼式十二面体结构。煅烧后，3D N-Co@C/HCF 复合材料表现出与原始 ZIF-67/HCF 相似的形貌 [图 2.41（C）]，不同之处在于多面体的外表面有一定程度的粗糙和收缩。这种现象是由于在碳化过程中，Co^{2+} 被还原为金属 Co 纳米颗粒以及 MOF 的有机连接链衍生为碳基质所造成的。该图像也表明了由 ZIF 衍生的 N、Co 掺杂的碳多面体基本上保留了 ZIF-67 的整体形貌，并在煅烧过程中成功地锚定在 HCF 基底上。通过 EDS 分析表明了 3D N-Co@C/HCF 中 Co、N 和 C 三种元素的存在 [图 2.41（D）]。

采用 XRD 以了解 HCF、ZIF-67/HCF 和 3D N-Co@C/HCF 的晶型结构(图 2.42)。HCF 的 XRD 图谱以 $2\theta \approx 25°$ 为中心的宽峰，与石墨碳的层间距相对应。ZIF-67/HCF 的特征峰与 ZIF-67 一致，并在 25° 处存在宽峰，这可以确定 ZIF-67 成功地生长在 HCF 上。在 3D N-Co@C/HCF 的 XRD 中观察到了 44.3° 、51.5° 和 75.8° 处三个峰对应于金属 Co（JCPDSno.15-0806）的（111）（200）和（220）晶面。此外，谱图中出现了以 25.8° 为中心的衍射峰，这可能是由 HCF 和 ZIF 衍生的碳组分共同形成的。

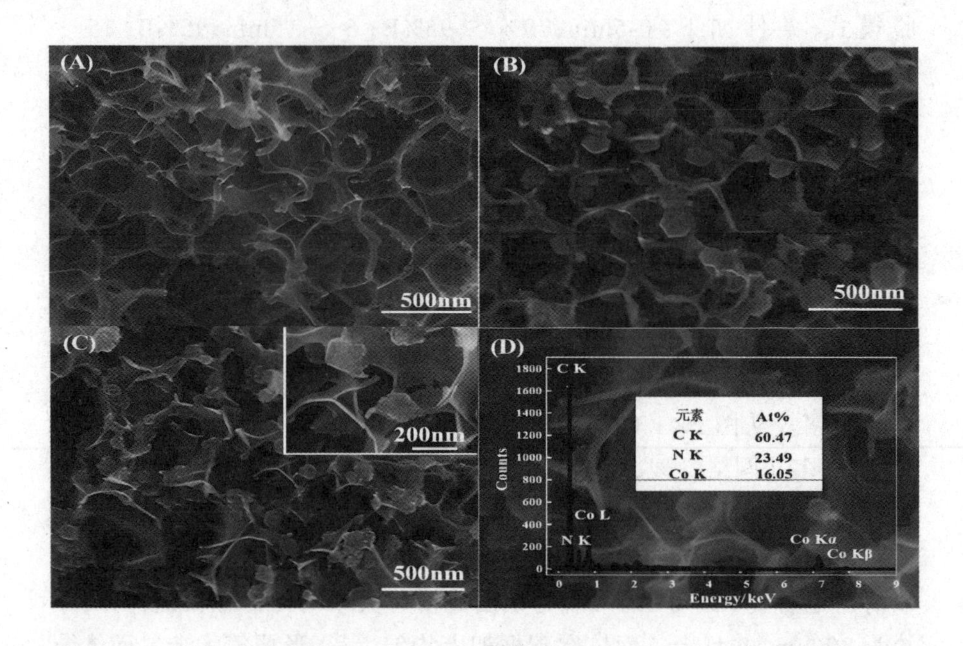

图 2.41 HCF（A）、ZIF-67/HCF（B）和 3D N-Co@C/HCF（C）的扫描电镜图像；3D N-Co@C/HCF 的能谱图（D）

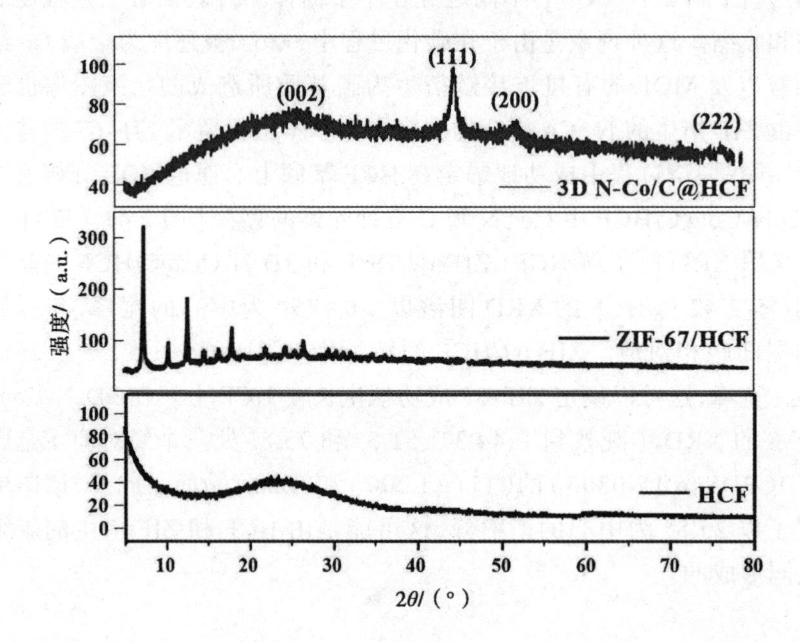

图 2.42 HCF、ZIF-67/HCF 和 3D N-Co@C/HCF 的 XRD 光谱图

图 2.43 为 HCF 和 3D NCo@C/HCF 的拉曼光谱图(Raman),两种材料均在 1338cm^{-1} 和 1588cm^{-1},显示两个尖峰,分别代表 D 带和 G 带。D 带是由杂原子、空位或晶界等导致晶体对称性降低的无序诱导的声子模式引起的,G 带是指石墨碳 sp^2 原子的 E_{2g} 声子。HCF 的 ID/IG 约为 0.906,3D N-Co@C/HCF 的 ID/IG 约为 0.932。这表明 3D N-Co@C/HCF 具有更多的缺陷结构,这可能是由于十二面体的生长以及在热解过程中 N 原子被掺杂到 3D N-Co@C/HCF 的碳结构中所造成的。根据之前的报道,氮的掺杂可以增强碳材料的 π 共轭体系 [29,30],这有助于对 PAEs 的吸附。

用 N_2 吸附 / 解吸分析进行了表面积和孔隙度的探测(图 2.44)。3D N-Co@C/HCF 的谱图具有 IV 型等温线(IUPAC 分类),并显示出 H3 型磁滞回线,这意味着微孔的存在以及介孔的主导地位。根据 Brunauer-EmmettTeller(BET)理论 [22],测得 3D Co/Ni@C 的比表面积、平均孔径(从等温线吸附分支获得的孔径分布曲线的最大值)和孔体积为 195.9m^2/g、4.31nm 和 0.592cm^3/g。较大的比表面积、丰富的孔隙率不仅保证了活性位点的有效暴露,而且还改善了与分析物的接触面积。此外,简单的磁分离实验证实 3D N-Co@C/HCF 可用作磁吸附剂,从溶液中提取 PAEs(图 2.45)。

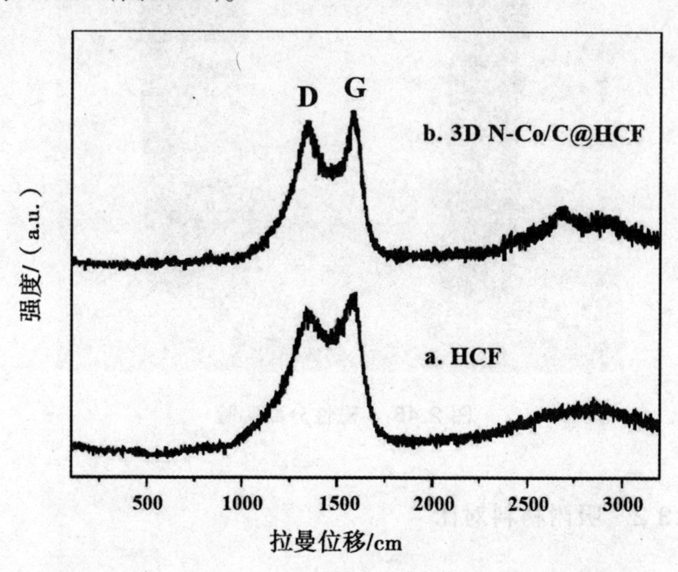

图 2.43　HCF 和 3D N-Co@C/HCF 的 Raman 光谱图

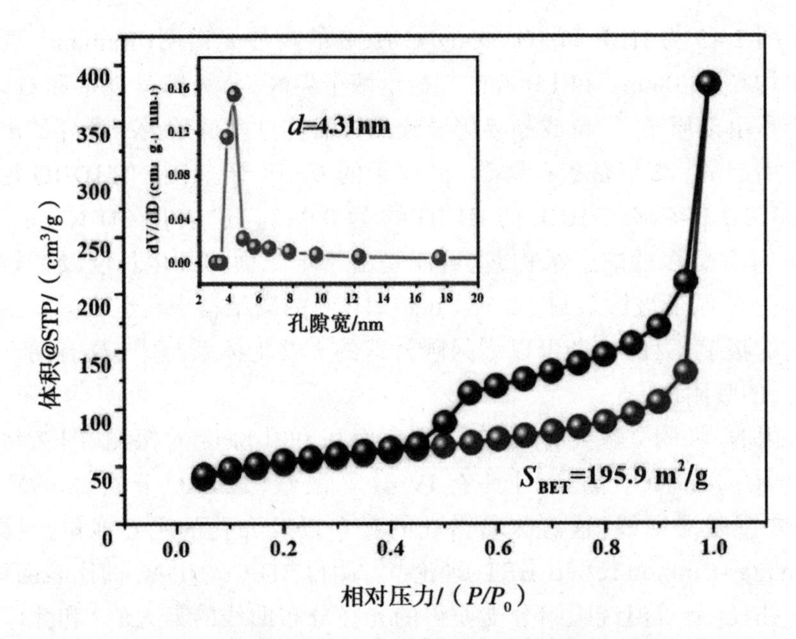

图 2.44 3D N-Co@C/HCF 的 N_2 吸附 / 解吸等温线和孔径分布图

图 2.45 磁性分离实验

2.3.3.2 吸附材料对比

为了探索 HCF 的引入对材料性能的影响，因此合成了单独的 ZIF-67 衍生的 N-Co@C。采用 SEM 对 ZIF-67 和 N-Co@C 的微观形貌进行观察。如图 2.46（A）所示，ZIF-67 显示出其典型的十二面体形貌。煅烧后，N-Co@C 与 ZIF-67 的形貌相比，整体形貌得到了继承，但表面更加的粗糙，并出现一定程度的收缩 [图 2.46(B)]。值得注意的是，碳化后，N-Co@C 单体相互粘连、聚集严重，这是由于碳化过程中单体之间形成了新的 C-C/C-N 键所致。将 3D N-Co@C/HCF 与 N-Co@C 对 PAEs 的萃取能力进行比较。

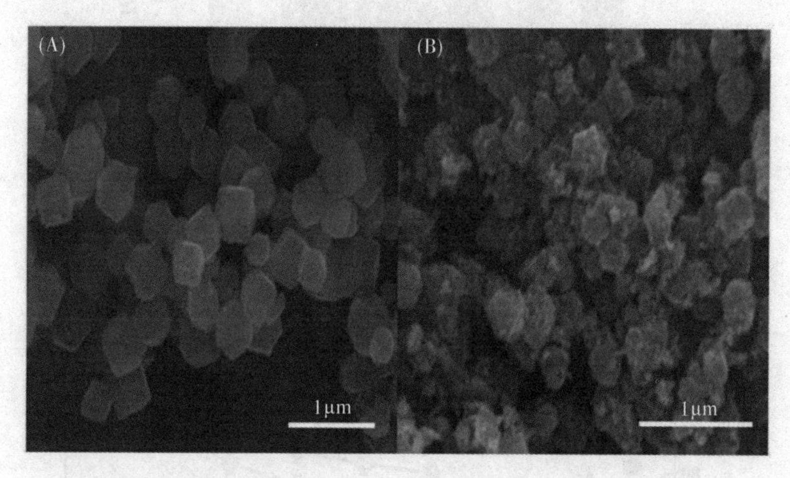

图 2.46 ZIF-67（A）和 N-Co@C（B）的扫描电镜图像

通过应用 30mg 的碳材料萃取 5 种 PAEs 的混合溶液（10mL，1mg/L）的来评估两种材料的萃取能力。结果如图 2.47 所示，3D N-Co@C/HCF 展现了更高的萃取效率。该结果说明凭借 HCF 对 ZIF 的分散作用，减少了碳化过程中 ZIF 单体的相互团聚，暴露出更多的吸附位点，从而使复合材料展现出更好的吸附能力。

2.3.3.3 条件优化

为使 3D N-Co@C/HCF 对 5 种 PAEs 的萃取效率令人满意，许多实验参数的设置以实现最佳的萃取效率为先，包括吸附条件及洗脱条件等。在 10mL，1mg/L PAEs 混合溶液中进行优化实验，实验平行重复 3 次。

（1）吸附剂用量

在样品溶液中使用不同量的 3D N-Co@C/HCF（范围为 2 ～ 35mg）来萃取 5 种 PAEs。根据实验结果（图 2.48），30mg 的 3D N-Co@C/HCF 足以萃取 5 种 PAEs，并选其用于后续实验。

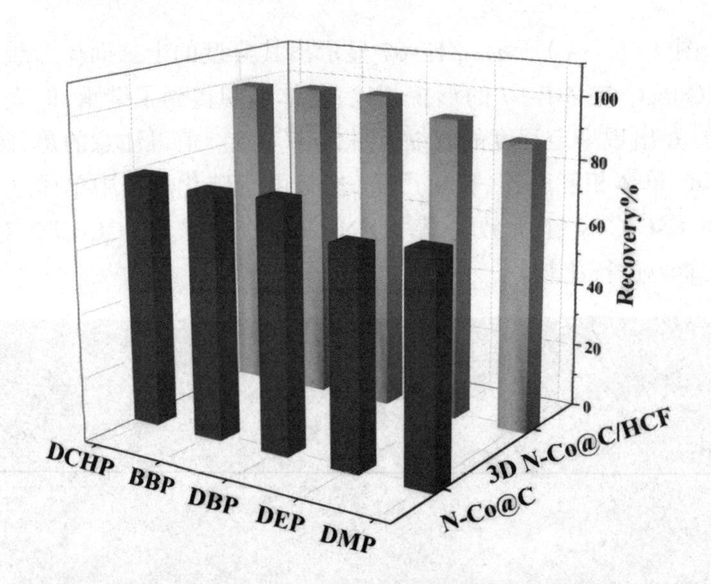

图 2.47 N-Co@C 和 3D N-Co@C/HCF 的萃取效率对比

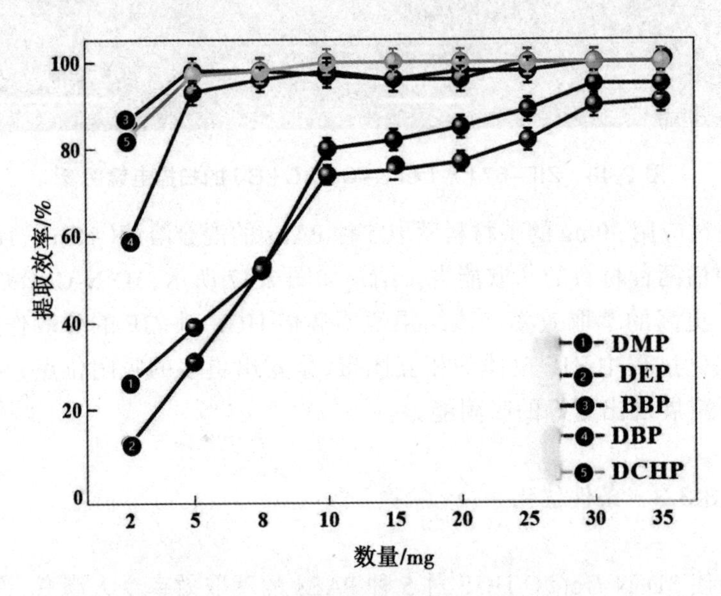

图 2.48 吸附剂用量对萃取效率的影响

（2）吸附时间

在 2 ～ 30min 范围内进行吸附时间的优化。根据实验结果（图 2.49），振荡 20min 时足以萃取 5 种 PAEs，并选其用于后续实验。

（3）溶液 pH 值的影响

在 4.0 ～ 10.0 范围内探究了初始溶液 pH 值对萃取效率的影响。

如图 2.50 所示，pH 为 4.0 ～ 6.0 时萃取效率最高。因此，溶液 pH 值无须调节（初始溶液 pH=6.06）。

（4）洗脱溶剂的选择

对不同的洗脱液，包括甲醇（MeOH）、乙醇（EtOH）、乙腈（ACN）和丙酮（Acetone），进行了研究。结果（图 2.51）表明，当使用 ACN 时，获得了目标分析物的最大回收率。因此，选其用于随后的实验。

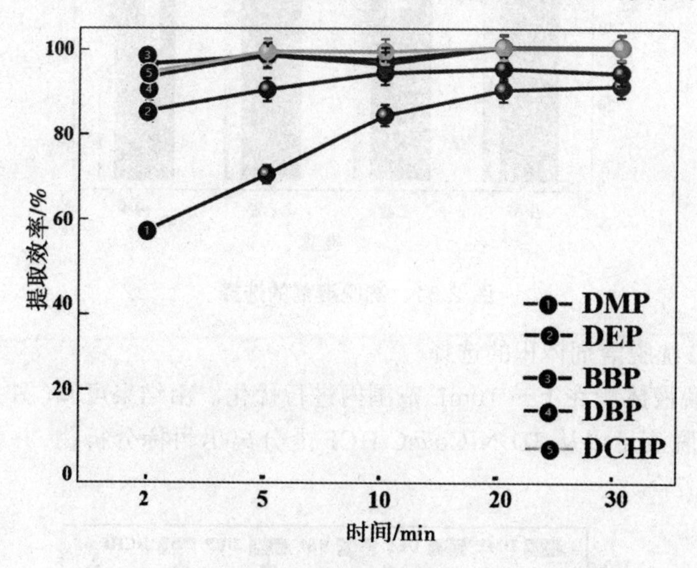

图 2.49　吸附时间的优化

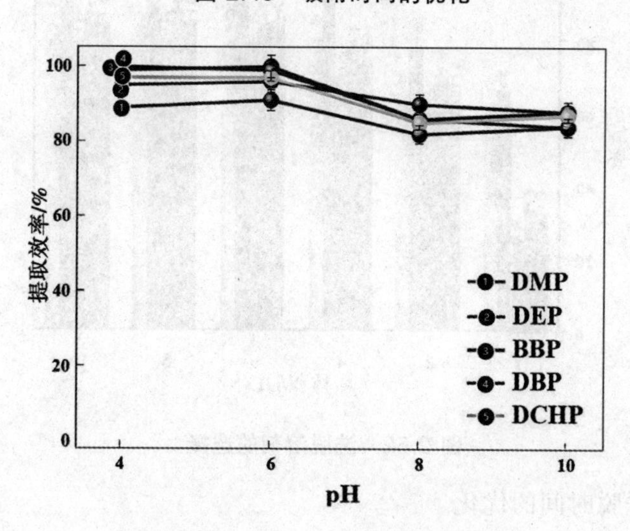

图 2.50　溶液 pH 对萃取效率的影响

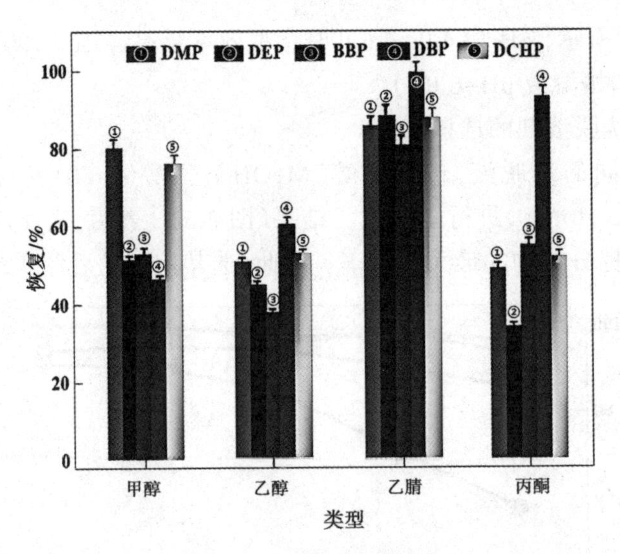

图 2.51 洗脱溶剂的选择

（5）洗脱溶剂体积的选择

洗脱液体积在 1 ～ 10mL 范围内进行优化。由结果可知(图 2.52)，6mL 洗脱液足以从 3D N-Co@C/HCF 上分离出目标分析物，并将其用于后续实验。

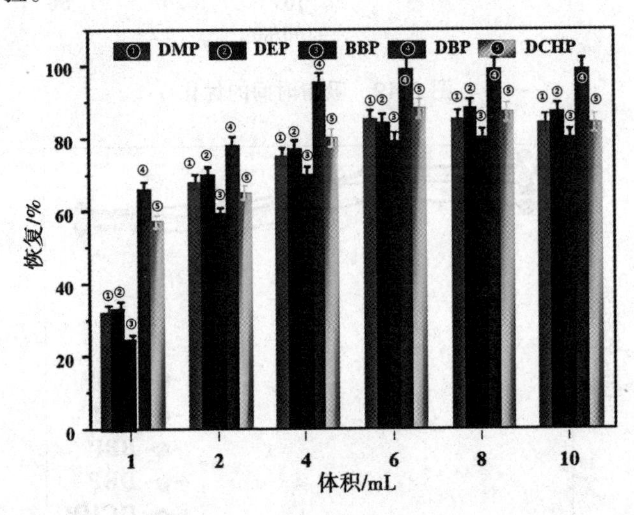

图 2.52 洗脱溶剂的选择

（6）洗脱时间的优化

洗脱时间在 2 ～ 10min 内进行优化。由结果可知(图 2.53)，6min 的洗脱时间效果最佳，并将其选择用于随后的实验。

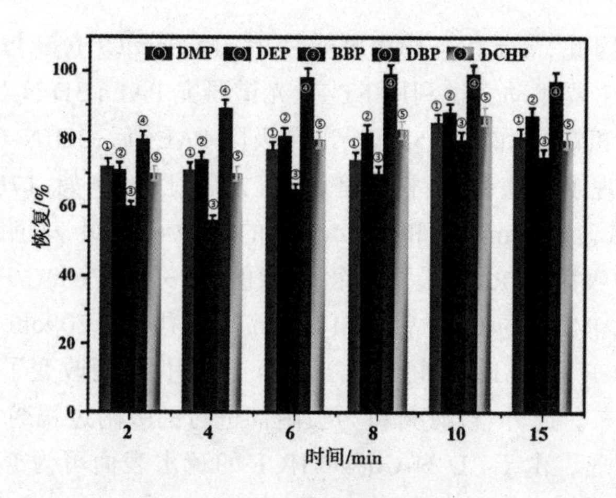

图 2.53　洗脱时间的优化

（7）溶液体积的影响

本节考察了样品溶液体积对五种 PAEs 定量分析的影响，将 10mL、1mg/L 的 PAEs 混合溶液用不同体积的去离子水进行稀释至 20 ～ 200mL 范围内，如图 2.54 所示，当体积为 150m 时，仍可使 PAEs 的回收率达到 80% 以上。因此，最佳样品体积为 150mL。

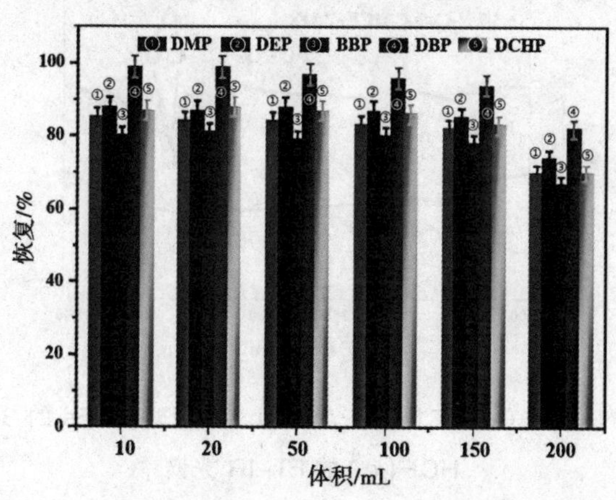

图 2.54　样品溶液体积对回收率的影响

2.3.3.4　吸附机理

吸附机理是吸附行为研究的重要组成部分。Raman 和 XRD 研究表明 3D N-Co@C/HCF 中碳成分的石墨化程度很高，可以形成良好的 π

共轭体系。因此，π-π 相互作用可能是 3D N-Co@C/HCF 与 PAEs 之间吸附行为的主要驱动力。利用 FT-IR 光谱研究 PAEs 3D N-Co@C/HCF 之间的吸附机理。如图 2.55 所示，在吸附 PAEs 后，3D N-Co@C/HCF 的谱图上出现了一些新峰，它们是 PAEs 的特征峰，例如，$1709cm^{-1}$ 处的峰为 C=O 带，$1288cm^{-1}$ 处和 $1254cm^{-1}$ 的峰为 C-O 带，表明 3DN-Co@C/HCF 成功吸附了 PAEs。更值得注意的是，3DN-Co@C/HCF 成功吸附 PAEs 后，PAEs 的 C=O 带从 $1721cm^{-1}$ 转移到 $1709cm^{-1}$，表明 3D N-Co@C/HCF 和 PAEs 之间存在 π-π 相互作用，从而改变了 PAEs 分子的电子云分布。此外，以碳材料为吸附剂进行的吸附过程通常伴随着疏水作用的出现。由于 3D N-Co@C/HCF 的疏水表面可为 PAEs 提供了均匀分布的疏水位点，因此 3D N-Co@C/HCF 与 PAEs 之间可能存在疏水相互作用。3D N-Co@C/HCF 可以提供丰富的吸附位点、足够的接触空间和便利的传输通道，这有助于通过 π-π 共轭效应和疏水效应快速有效地吸附目标分析物。

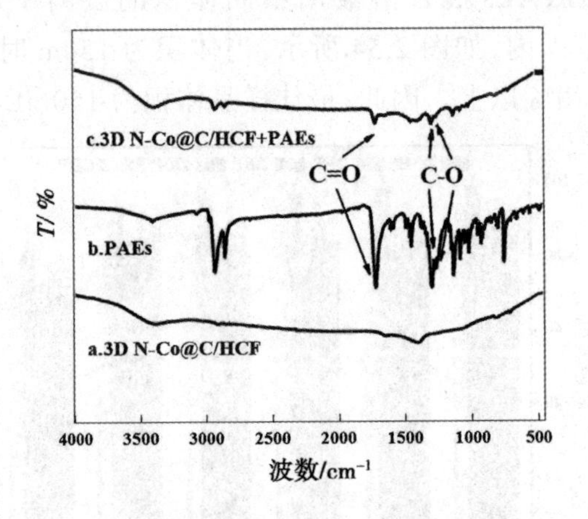

图 2.55 3D N-Co@C/HCF（a）、PAEs（b）和吸附 PAEs 的 3D N-Co@C/HCF（c）的 FT-IR 光谱

2.3.3.5 方法评估

（1）分析性能

为了避免样品基质对分析性能的干扰，通过绘制加标后的实际样品（绿茶、河水、运动饮料和白酒样品）中所测得的峰面积与 PAEs 浓度的

关系图，得到相应的基质标准曲线。通过将检测样品的色谱峰面积计入基质标准曲线以确定分析物浓度，可以对不同样品中的目标分析物进行定量分析。如表2.12所示，基质标准曲线在0.2～100ng/mL范围内线性良好（$0.9984<r<0.9999$）。LODs为0.023～0.113ng/mL，LOQs为0.077～0.377ng/mL。此外，该方法的日间和日内相对标准偏差（RSD）分别在3.5～6.4%（n=3）和2.9%～5.7%（n=5）范围内，表明该方法具有良好的可重复性。

表2.12　d-MSPE-HPLC测定PAES的方法学考察

样品	分析物	线性范围[a]	相关系数[b]	检出限[a]	定量限[a]
绿茶	DMP	0.2～100	0.9987	0.031	0.104
	DEP	0.2～100	0.9995	0.033	0.111
	BBP	0.5～100	0.9992	0.104	0.346
	DBP	0.2～100	0.9991	0.042	0.139
	DCHP	0.2～100	0.9984	0.057	0.189
河水	DMP	0.2～100	0.9998	0.025	0.083
	DEP	0.2～100	0.9997	0.027	0.091
	BBP	0.5～100	0.9992	0.089	0.297
	DBP	0.2～100	0.9997	0.035	0.117
	DCHP	0.2～100	0.9999	0.043	0.143
运动饮料	DMP	0.2～100	0.9995	0.023	0.077
	DEP	0.2～100	0.9998	0.026	0.087
	BBP	0.5～100	0.9998	0.085	0.283
	DBP	0.2～100	0.9999	0.033	0.112
	DCHP	0.2～100	0.9996	0.042	0.141
雪碧	DMP	0.2～100	0.9998	0.037	0.123
	DEP	0.2～100	0.9995	0.041	0.136
	BBP	0.5～100	0.9998	0.113	0.377
	DBP	0.2～100	0.9997	0.052	0.173
	DCHP	0.2～100	0.9999	0.062	0.207

为了计算分析物的富集因子（EF），对包含一定量5种PAEs（每种含量均为10μg）的样品溶液（V=150mL）进行了五次重复。使用以下方程式计算EF：

$$EF = \frac{C_a}{C_s}$$

其中，C_a 和 C_s 分别为分析溶液和样品溶液中目标物的浓度。结果显示，在最佳条件下，水基质中得到的 *EF*s 为 230（DMP）、238（DEP）、241（BBP）、277（DBP）和 281（DCHP），具有良好的预富集能力。

表中的数据表明，d-MSPE 中 PAEs 的 *EF*s 与它们各自的 log*P* 值（辛醇一水分配系数[31]）呈正相关（DMP<DEP<DBP<DCHP）。这意味着在吸附过程中 PAEs 的疏水性起着重要的作用。但是，由于相比较其他的 PAEs，BBP 具有特殊的结构（两个苯环），因此不符合该规律（PAEs 的化学结构于表 2.13 中所示）。该特性将在 BBP 和吸附剂之间提供比其他 PAEs 更强的共轭作用[32]。此外，BBP 的 log*P* 大于除 DCHP 以外的其他三种 PAEs。因此，吸附剂与 BBP 之间的亲和力较强，这增加了它的回收率（81%），进而影响其富集倍数。

表 2.13 PAES 的化学结构，理化性质和富集因子（*EF*s）

分析物	结构	分子量	Log*P*	*EF*s
DMP	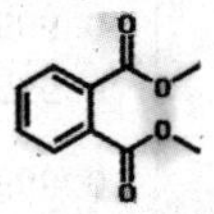	194.184	1.64	230
DEP	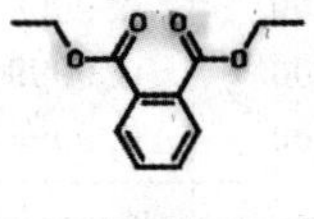	222.237	2.70	238
BBP	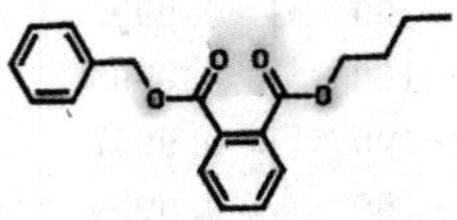	312.360	5.0	241
DBP	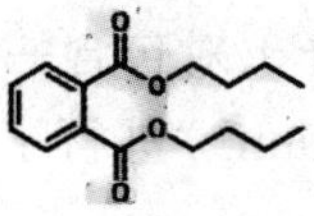	278.343	4.82	277
DCHP	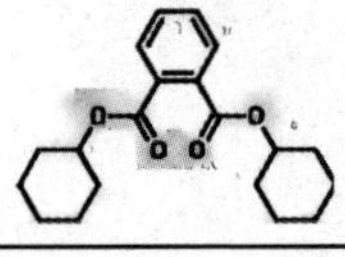	330.418	5.76	281

注 log*P*，正辛醇 / 水分配系数，疏水性指标。数据来自 RSC。

（2）抗干扰能力

为了将这种方法应用于样品分析，在提取 PAE 时评估了实际样品中可能存在的各种干扰物的影响。分别研究了由各种干扰物质组成的 PAEs 溶液（50ng/mL）。结果表明，干扰物质（饮料样品中 100 倍的葡萄糖、维生素、果糖；环境水中 10 倍的磺胺甲基嘧啶、环丙沙星、双酚 A，500 倍的 K^+、Cu^{2+}、Fe^{3+}、Ca^{2+}、SO_4^{2-}、NO_3^-、Cl^-）对 PAE 的回收率没有明显影响（RSD<5%）。

（3）3D N-Co@C/HCF 的再生能力研究

可重复使用性是评估 d-MSPE 吸附材料性能的关键指标。通过多次吸附 / 脱附循环测试来评估 3D N-Co@C/HCF 的再生性能（见表 2.14）。3D N-Co@C/HCF 使用了 7 个循环，回收率无明显降低（小于 8%），表明 3D N-Co@C/HCF 在 d-MSPE 中展现了优异的循环利用能力，这是归因于其优异的磁性（可通过磁分离避免质量损失）以及稳定结构。

表 2.14　3DN–Co@C/HCF 的循环性能

循环次数	回收率 /%							RSD/%
	1st	2nd	3rd	4th	5th	6th	7th	
DMP	85	86	85	84	83	80	78	3. 18
DEP	88	88	87	86	86	84	80	2. 78
BBP	83	84	82	80	81	79	76	2. 84
DBP	98	99	100	97	96	93	91	1. 99
DCHP	88	86	87	86	85	83	84	3. 58

2.3.3.6　实际样品分析

通过测定河水，绿茶，运动饮料和白酒样品中的五种 PAEs，测试了优化的 d-MSPE 方法的实际适用性。表 2.15 列出了加标样品的分析结果，回收率为 87.1% ～ 107.2%，RSDs<6%（n=5），表明所提出的方法在真实样品中同时测定 5 种 PAEs 的方法具有可靠的回收率和准确性。图 2.56 显示了经过 3D N-Co@C/HCF 基 d-MSPE 前处理后的实际样品的代表性色谱图。

表 2.15 实际样品的分析结果

样品	加标浓度	绿茶		河水		运动饮料		白酒	
		检出限	回收率	检出限	回收率	检出限	回收率	检出限	回收率
	ng/mL	ng/mL	%	ng/mL	%	ng/mL	%	ng/mL	%
DMP	0	n. d.	—	0.075	—	n. d.	—	n. d.	—
	1	0.87±0.04	87.1	0.99±0.04	92.4	1.04±0.04	103.8	0.99±0.03	98.8
	10.0	9.25±0.47	92.5	10.3±0.48	101.8	9.98±0.52	99.8	10.1±0.33	101.3
	50.0	45.3±1.54	90.6	49.8±2.03	99.5	10.7±2.31	105.6	48.2±2.43	96.4
DEP	0	n. d.	—	0.081	—	n. d.	—	n. d.	—
	1	1.04±0.04	104.5	1.11±0.04	103.7	1.01±0.03	101.1	0.97±0.05	97.1
	10	9.02±0.35	90.2	10.3±0.39	101.8	9.33±0.35	93.3	9.68±0.46	96.8
	50	47.8±1.91	95.6	47.8±2.24	95.5	49.8±1.77	99.6	51.8±2.09	103.6
BBP	0	n. d.	—	n. d.	—	n. d.	—	n. d.	—
	1	0.87±0.04	86.7	1.05±0.05	97.8	0.99±0.04	98.5	1.06±0.04	105.7
	10	8.85±0.41	88.5	10.0±0.44	99.5	10.3±0.47	102.6	9.64±0.51	96.4
	50	47.2±1.46	94.3	46.5±1.75	92.9	51.7±2.29	103.4	10.4±1.86	104.1
DBP	0	n. d.	—	n. d.	—	n. d.	—	n. d.	—
	1	0.95±0.03	94.7	1.01±0.04	93.7	0.97±0.04	97.4	1.01±0.05	100.5
	10	9.67±0.33	96.7	11.2±0.48	104.2	9.71±0.43	97.1	9.73±0.32	97.3
	50	44.7±1.61	89.4	48.3±1.64	96.4	52.7±1.41	105.4	44.7±2.31	89.4
DCHP	0	n. d.	—	n. d.	—	n. d.	—	n. d.	—
	1	0.98±0.05	97.5	1.03±0.05	95.8	1.05±0.04	104.5	1.06±0.04	106.4
	10.0	9.01±0.32	90.1	9.96±0.43	98.9	9.86±0.29	98.6	9.68±0.47	96.8
	50.0	51.9±1.72	103.7	51.9±2.52	103.6	49.2±2.12	98.4	53.6±1.99	107.2

注　n.d.：意为“未检测到”。

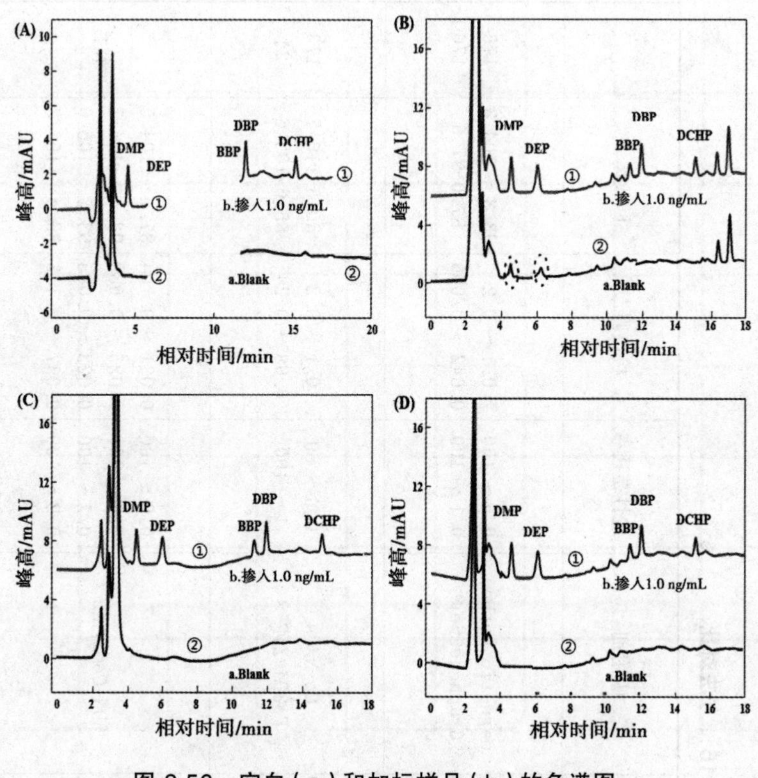

图 2.56　空白（a）和加标样品（b）的色谱图

（A）绿茶、（B）河水、（C）运动饮料、（D）白酒

2.3.3.7　方法对比

将基于 3D N-Co@C/HCF 的 d-MSPE-HPLC 方法与其他已报道的测定 PAEs 的分析方法进行比较（表 2.16）。本部分所提出的方法的检出限较低，线性范围较宽。此外，采用所提出的预富集技术可获得良好的回收率，表明以 3D N-Co@C/HCF 为吸附剂的 d-MSPE 是真实样品中 PAEs 的高效的预富集方法。

表 2.16 方法对比

分析方法	分析物	样品	吸附剂	线性范围[a]	检出限[a]	回收率 /%	参考文献
MSPE-HPLC-UV MSPE-HPLC-DAD	DEP，DAP，DPP DMP，DEP，DAP，DPP	饮料	magnetic carbon Graphene@Fe_3O_4	0.5 ～ 150 0.1 ～ 100	0.1 ～ 0.2 0.042 ～ 0.060	93.3 ～ 104.3 87.0-97.8	175 176
MSPE-HPLC-UV MSPE-HPLC-DAD	DEP，DAP，DIBP DMP，DEP，DBP，BBP，DOP	运动饮料	Co-N/Cs Fe304@ZIF-8	0.5 ～ 60 1 ～ 100	0.1 ～ 0.2 0.08 ～ 0.24	80.3-116.2 85.6-103.6	173 24
d-MSPE-HPLC-UV	DMP，DEP，DBP，BBP，DCHP	绿茶 河水 运动饮料 白酒	3DN-Co@C/HCF	0.2 ～ 100 0.2 ～ 100 0.2 ～ 100 0.2 ～ 100	0.031 ～ 0.104 0.025 ～ 0.089 0.023 ～ 0.085 0.037 ～ 0.113	87.1 ～ 104.5 92.4 ～ 104.7 93.3 ～ 105.6 89.4 ～ 107.2	本书

2.3.4　结论

本节通过将 ZIF-67 整合到 HCF 中,然后在 N_2 中进行煅烧处理,成功地合成了 3DN-Co@C/HCF。基于 3DN-Co@C/HCF 的 d-MSPE 与 HPLC-UV 相结合的方法已成功用于实际样品中 5 种 PAEs 的预富集和同时测定。3DN-Co@C/HCF 由于具有较大的比表面积、大量的自由孔、理想的层次结构和良好的共轭体系,因此对 PAEs 表现出令人满意的萃取能力。该方法简单高效,可检测实际样品中的痕量 PAEs,这也说明了 3DN-Co@C/HCF 具有作为吸附剂应用于萃取实际样品中有机污染物的巨大潜力。

参考文献

[1] HU L, ZHANG P J, SHAN W Y, et al. In situ metathesis reaction combined with liquid-phase microextraction based on the solidification of sedimentary ionic liquids for the determination of pyrethroid insecticides in water samples [J]. Talanta, 2015, 144: 98-104.

[2] ZHANG H, CHEN X Q, JIANG X Y. Determination of phthalate esters in water samples by ionic liquid cold-induced aggregation dispersive liquid–liquid microextraction coupled with high-performance liquid chromatography [J]. Analytica Chimica Acta, 2011, 689 (1): 137-142.

[3] AMIRI A, CHAHKANDI M, TARGHOO A. Synthesis of nano-hydroxyapatite sorbent for microextraction in packed syringe of phthalate esters in water samples [J]. Analytica Chimica Acta, 2017, 950: 64-70.

[4] LOU C Y, GUO D D, ZHANG K, et al. Simultaneous determination of 11 phthalate esters in bottled beverages by graphene oxide coated hollow fiber membrane extraction coupled with supercritical fluid chromatography [J]. Analytica Chimica Acta, 2018, 1007: 71-79.

[5] ZENG H H, LI X Q, HAO W L, et al. Determination of phthalate

esters in airborne particulates by heterogeneous photo-Fenton catalyzed aromatic hydroxylation fluorimetry [J]. Journal of Hazardous Materials, 2017, 324 (Pt B): 250-257.

[6] LUO Y B, YU Q W, YUAN B F, et al. Fast microextraction of phthalate acid esters from beverage, environmental water and perfume samples by magnetic multi-walled carbon nanotubes [J]. Talanta, 2012, 90: 123-131.

[7] GAMELLA M, CAMPUZANO S, CONZUELO F, et al. An amperometric affinity penicillin-binding protein magnetosensor for the detection of β-lactam antibiotics in milk [J]. The Analyst, 2013, 138 (7): 2013-2022.

[8] ASGHARINEZHAD A A, MOLLAZADEH N, EBRAHIMZADEH H, et al. Magnetic nanoparticles based dispersive micro-solid-phase extraction as a novel technique for coextraction of acidic and basic drugs from biological fluids and waste water [J]. Journal of Chromatography A, 2014, 1338: 1-8.

[9] SAJID M, BASHEER C, DAUD M, et al. Evaluation of layered double hydroxide/graphene hybrid as a sorbent in membrane-protected stir-bar supported micro-solid-phase extraction for determination of organochlorine pesticides in urine samples [J]. Journal of Chromatography A, 2017, 1489: 1-8.

[10] ZHOU W, WANG C L, LIU Y K, et al. Layered double hydroxides based ion exchange extraction for high sensitive analysis of non-steroidal anti-inflammatory drugs [J]. Journal of Chromatography A, 2017, 1515: 23-29.

[11] ZHENG M M, WU J H, LUO D, et al. Determination of Sudan Red dyes in hot chili products by humic acid-bonded silica solid-phase extraction coupled with high performance liquid chromatography [J]. Se Pu, 2007, 25 (5): 619-622.

[12] LI C J, KLEMES M J, DICHTEL W R, et al. Tetra fluoroterephthalonitrile-crosslinked β-cyclodextrin polymers for efficient extraction and recovery of organic micropollutants from water [J]. Journal of Chromatography A, 2018, 1541: 52-56.

[13] LU W H, WANG X Y, WU X Q, et al. Multi-template impr-inted polymers for simultaneous selective solid-phase extraction of six phenolic compounds in water samples followed by determination using capillary electrophoresis [J]. Journal of Chromatography A, 2017,1483: 30-39.
[14] CHEN H H, YUAN Y N, XIANG C, et al. Graphene/multi-walled carbon nanotubes functionalized with an amine-terminated ionic liquid for determination of (Z)-3-(chloromethylene)-6-fluorothiochroman-4-one in urine [J]. Journal of Chromatography A, 2016,1474: 23-31.
[15] GHANI M, FONT PICÓ M F, SALEHINIA S, et al. Metal-organic framework mixed-matrix disks: Versatile supports for automated solid-phase extraction prior to chromatographic separation [J]. Journal of Chromatography A, 2017, 1488: 1-9.
[16] JIA Y Q, ZHAO Y F, ZHAO M, et al. Core–shell indium (Ⅲ) sulfide@metal-organic framework nanocomposite as an adsorbent for the dispersive solid-phase extraction of nitro-polycyclic aromatic hydrocarbons [J]. Journal of Chromatography A, 2018, 1551: 21-28.
[17] WANG C, MA R Y, WU Q H, et al. Magnetic porous carbon as an adsorbent for the enrichment of chlorophenols from water and peach juice samples [J]. Journal of Chromatography A, 2014, 1361: 60-66.
[18] JIAO C N, LI M H, MA R Y, et al. Preparation of a Co-doped hierarchically porous carbon from Co/Zn-ZIF: An efficient adsorbent for the extraction of trizine herbicides from environment water and white gourd samples [J]. Talanta, 2016, 152: 321-328.
[19] XIE L J, LIU S Q, HAN Z B, et al. Preparation and characterization of metal-organic framework MIL-101 (Cr)-coated solid-phase microextraction fiber [J]. Analytica Chimica Acta, 2015, 853: 303-310.
[20] SHANG L, YU H J, HUANG X, et al. Carbon nanoframes: Well-dispersed ZIF-derived co, N-co-doped carbon nanoframes through mesoporous-silica-protected calcination as efficient oxygen

reduction electrocatalysts (adv. mater. 8/2016) [J]. Advanced Materials, 2016, 28 (8): 1712.

[21] JIAO Y, ZHENG Y, JARONIEC M, et al. Design of electrocatalysts for oxygen- and hydrogen-involving energy conversion reactions [J]. Chemical Society Reviews, 2015, 44 (8): 2060-2086.

[22] MA S Q, GOENAGA G A, CALL A V, et al. Cobalt imidazolate framework as precursor for oxygen reduction reaction electrocatalysts [J]. Chemistry-A European Journal, 2011, 17 (7): 2063-2067.

[23] FAN Y Y, LIU S H, XIE Q L. Rapid determination of phthalate esters in alcoholic beverages by conventional ionic liquid dispersive liquid-liquid microextraction coupled with high performance liquid chromatography [J]. Talanta, 2014, 119: 291-298.

[24] HE X, WANG G N, YANG K, et al. Magnetic graphene dispersive solid phase extraction combining high performance liquid chromatography for determination of fluoroquinolones in foods [J]. Food Chemistry, 2017, 221: 1226-1231.

[25] YE N S, SHI P Z, WANG Q, et al. Graphene as solid-phase extraction adsorbent for CZE determination of sulfonamide residues in meat samples [J]. Chromatographia, 2013, 76 (9): 553-557.

[26] ANDRADE-ESPINOSA G, MUÑOZ-SANDOVAL E, TERRONES M, et al. Acid modified bamboo-type carbon nanotubes and cup-stacked-type carbon nanofibres as adsorbent materials: Cadmium removal from aqueous solution [J]. Journal of Chemical Technology & Biotechnology, 2009, 84 (4): 519-524.

[27] HAO L, WANG C, WU Q H, et al. Metal-organic framework derived magnetic nanoporous carbon: Novel adsorbent for magnetic solid-phase extraction [J]. Analytical Chemistry, 2014, 86 (24): 12199-12205.

[28] WANG Y, TONG Y, XU X, et al. Metal-organic framework-derived three-dimensional porous graphitic octahedron carbon cages-encapsulated copper nanoparticles hybrids as highly efficient enrichment material for simultaneous determination of four fluoroquinolones [J]. Journal of Chromatography A, 2018, 1533: 1-9.

[29] LIU R L, JI W J, HE T, et al. Fabrication of nitrogen-doped hierarchically porous carbons through a hybrid dual-template route for CO_2 capture and haemoperfusion [J]. Carbon, 2014, 76: 84-95.
[30] JIAO C N, MA R Y, LI M H, et al. Magnetic cobalt-nitrogen-doped carbon microspheres for the preconcentration of phthalate esters from beverage and milk samples [J]. Microchimica Acta, 2017, 184 (8): 2551-2559.
[31] ZHANG S H, YANG Q, YANG X M, et al. A zeolitic imidazolate framework based nanoporous carbon as a novel fiber coating for solid-phase microextraction of pyrethroid pesticides [J]. Talanta, 2017, 166: 46-53.
[32] PENG B Q, CHEN L, QUE C J, et al. Adsorption of antibiotics on graphene and biochar in aqueous solutions induced by π-π interactions [J]. Scientific Reports, 2016, 6: 31920.
[33] LIU X L, WANG C, WU Q H, et al. Magnetic porous carbon-based solid-phase extraction of carbamates prior to HPLC analysis [J]. Microchimica Acta, 2016, 183 (1): 415-421.

2.4　三维层级中空磁性石墨碳应用于高效去除和灵敏监测磺胺类药物

2.4.1　引言

作为一类广谱抗生素，磺胺（SAs）由于其成本低、效率高等优点而被广泛应用于畜牧业[1-3]。同时，由于 SAs 的过度使用和新陈代谢不完全，其中的一部分不可避免地会通过粪便或尿液释放到环境水中。据报道，残留的SAs可能通过食物链对水生生物和人类造成严重的威胁[4-6]。因此，对环境水中的 SAs 残留物进行同步监测和去除是非常必要的，但这也是一个挑战。

最近，在治理 SAs 中已采用了多种技术，例如吸附[7]、化学氧化[8]、

光降解 [9]、生物降解 [10] 等。在它们之中，吸附由于其低成本、高效和简单的特点而被认为是最有前途的去除策略之一。作为去除过程的向导，已采用了各种分析技术，例如质谱 [11]、免疫测定 [12]、分光光度法 [13]、色谱法 [14] 等，以监测环境中 SAs 的残留。迄今为止，HPLC 分析由于其简单、灵敏和通用性的特点而成为检测 SAs 最受欢迎的方法。在进行 HPLC 分析之前，有必要采用适当的前处理技术对真实样品中痕量 SAs 进行分离与预富集。从理论上讲，上述吸附工艺所用到的吸附剂与适当的洗脱过程相结合应能够用作固相萃取（SPE）材料 [11]，从而可实现痕量目标物的高效液相色谱检测。不幸的是，将吸附剂同时应用于高效去除和萃取的报道十分罕见。通常，用于去除污染物的吸附剂通常需要快速的动力学行为以及较大的吸附容量。然而，用于痕量污染物提取的吸附剂对低浓度目标物具有高度敏感的响应，但不一定能有效去除高浓度目标物。实际上，普通吸附剂难以同时满足上述两个方面的要求，这导致了同时检测和去除目标物的过程十分烦琐。为了简化操作流程并节省成本，开发一种将有效的 SAs 去除功能和高灵敏的痕量 SAs 响应功能相结合的智能吸附剂势在必行，这也可以有效地满足日益严格的环境法规的要求。

石墨碳基材料（GCMs）是一类新兴的吸附剂，基于它们之间的强 π-π 相互作用，使得它们对芳香族 SAs 具有选择性吸附，但目前仅用于去除或检测 SAs[15,16,25]。众所周知，对于材料来说除了成分可以影响其吸附性能外，结构也起着决定性的作用 [17,18]。毫无疑问，合理的设计和可控的构建是实现 GCMs 性能提升的有效途径。最近，由 2D 纳米片状单元组装而成的 3D 分层多孔结构因其固有的优势（例如大表面积、良好排列的多孔结构和相互连接的通道）而受到了广泛的关注，这归因于其纳米级单元和整体微米级结构之间的协同效应 [19,20]。而且，与实心结构相比，中空结构可以赋予吸附剂一些独有的特征，例如可接近 / 可用的内表面以及合适的腔体可作为用于储存目标的容器 [21-23]。此外，考虑到 SAs 中存在氨基（$-NH_2$ 或 $-NH-$），向 GCMs 中故意掺杂杂原子（如电负性 N 原子）也有利于通过氢键提高对 SAs 的吸附 [24]。同时，吸附剂也需要引入磁性组分，以便于回收。因此，具有上述综合特性的 GCMs 的简便制造策略迫在眉睫，但策略的产生具有一定的挑战性。

在此，一种新颖的磁性 3D 中空花状的 Ni@N 掺杂的石墨碳（3DHFNi@NGC）被精心地设计，并通过一种简便的一锅策略随后进行热解处理对其进行了制备。鼓舞人心的是，3DHFNi@NGC 具有较高的吸附能力、快速的动力学行为、良好的痕量 SAs 萃取以及不会造成二次污染的特性，这可能得益于其独特的分层中空结构和良好的磁性性质。因此，我们将 3DHFNi@NGC 结合高效液相色谱成功地用于实际样品中 SAs 的同时监测和去除。

2.4.2　实验部分

2.4.2.1　实验试剂

葡萄糖、六亚甲基四胺（HMT）、六水合硫酸镍（$NiSO_4 \cdot 6H_2O$），氢氧化钠（NaOH）、色谱级甲醇（MeOH）和乙腈（CAN）购自国药控股化学试剂有限公司（中国沈阳）。磺胺嘧啶（SDZ）、磺胺甲基嘧啶（SMR）、磺胺二甲基嘧啶（SMZ）、磺胺甲氧基哒嗪（SMP）和磺胺甲恶唑（SMX）购自阿拉丁试剂有限公司（中国上海），其结构和基本性能列于表 2.17 中。

表 2.17　PAEs 的化学结构、理化性质

分析物	结构	分子量	pKa	$\log K_{ow}$
磺胺嘧啶（SDZ）	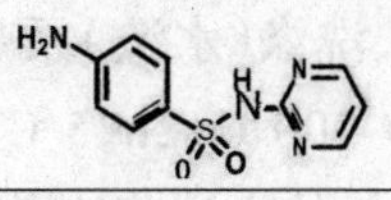	250.3	6.81	-0.12
磺胺甲基嘧啶（SMR）	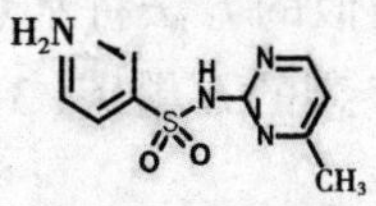	264.3	7.35	0.14
磺胺二甲基嘧啶（SMZ）	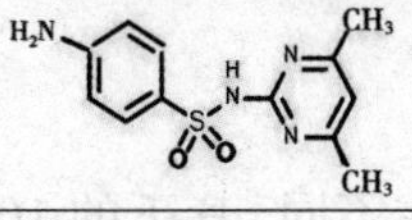	278.3	7.89	0.14
磺胺甲氧基哒嗪（SMP）	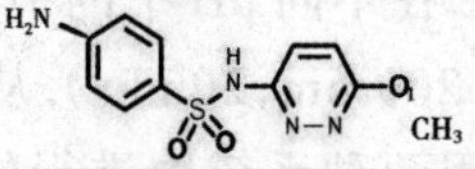	280.3	7.19	0.32
磺胺甲恶唑（SMX）	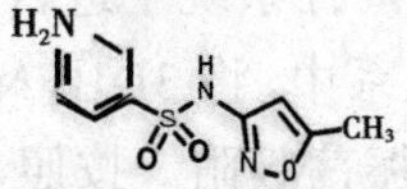	253.3	5.81	0.89

2.4.2.2 实验仪器(表 2.18)

表 2.18 实验使用仪器

仪器名称	型号	厂商
扫描电子显微镜(SEM)	SU8000	日本 HITACHI
透射电子显微镜(TEM)	JEM-2100	日本 JEOL
X 射线粉末衍射仪(XRD)	D5000	德国 Siemens
激光共聚焦显微拉曼光谱(Raman)	LabRAM XploRA	法国 HORIBA
气体吸附分析仪	ASIQ-C	美国 Quantachrome
X 射线光电子能谱(XPS)	ESCALAB 250Xi	美国 Thermo
高效液相色谱(HPLC)	SPD-16	日本 Shimadzu

2.4.2.3 3DHFNi@NGC 的制备

首先将 0.35g 的 HMT、0.35g 的 $NiSO_4 \cdot 6H_2O$ 和 0.175g 的葡萄糖溶于 20mL 水中。随后,将上述溶液倒入反应釜进行水热反应(180℃,2h)。反应完毕后,对产物进行离心、洗涤(水洗)及烘干(60℃)。最后,将上述产物在 N_2 气氛中进行煅烧(900℃,2h,5℃/min),从而获得了 3DHFNi@NGC。作为比较,通过类似的方法将水热时间延长到 12h,也获得了 3D 实心镍(Ni)和氮(N)掺杂的石墨碳(3DSFNi@NGC)。

2.4.2.4 吸附实验

选择 5mg 的 3DHFNi@NGC 在不同 pH 下的 10mL 的 SAs 溶液(每种为 2mg/L)中进行振荡吸附(200rpm,20min),从而考察不同 pH 值的影响(2 ~ 10)。吸附实验是用两种系统中进行的:单目标物体系和多目标物体系。在单目标吸附体系中,将 3DHFNi@NGC 添加到单一目标溶液中,并在室温下 200rpm 振荡吸附。按照与单目标体系相同的实验步骤,在含有 5 个等浓度 SAs 的混合溶液中进行多目标吸附实验。

为了研究吸附动力学,用 5mg 的 3DHFNi@NGC 和 10mL 的 SAs 溶液(每种 SAs 2mg/L)在室温下进行了实验,吸附时间范围为

5s ～ 30min。此外，还通过将 5mg 的 3DHFNi@NGC 加入 10mL 的 SAs 溶液中（每种 SAs 的初始浓度从 1 ～ 150mg/L）来进行吸附等温线实验。

2.4.2.5　SAs 的检测

选择分散磁性固相萃取（d-MSPE）作为痕量目标物的预富集技术。将 5mg 的 3DHFNi@NGC 加入 150mL 的 SAs 样品溶液中并在 200r/m 下振荡吸附 15min。吸附完成后，以外部磁铁的方式对溶液中的 3DHFNi@NGC 进行快速地分离。然后，使用 10mL 的 MeOH/ACN（2/1，*v*/*v*）（包含 0.3mL 的 1mol/L NaOH）作为洗脱液进行超声洗脱 10min。最后，收集解吸溶液，并在 40℃的真空下蒸发至干，同时将残留物重新溶解于 500μL MeOH 中，以进行后续的 HPLC 分析。

HPLC 系统配备紫外检测器，色谱柱为 ZORBAXSB-C18（150mm × 4.6mm，5μm）。以超纯水（A 泵）—乙腈（B 泵）作为流动相，选用梯度洗脱模式，条件如下：0 ～ 10min，10% ～ 15% B；10 ～ 14min，15% ～ 25% B；14 ～ 16min，25% ～ 25% B；16 ～ 18min，25% ～ 10% B。流速、进样量、柱温和检测波长分别设置为 1mL/min、20μL、30℃和 270nm。

2.4.3　结果与讨论

2.4.3.1　材料表征

3DHFNi@NGC 和 3DSFNi@NGC 的合成方案和形成过程如图 2.57 所示。首先，以葡萄糖为碳源、HMT 为氮源 / 沉淀剂、$NiSO_4$ 作为磁源 / 主要结构导向试剂，通过对葡萄糖 -$NiSO_4$-HMT 水性混合物进行一锅水热处理，合成了中空花状 $Ni(OH)_2$@N-polysaccharide 前体。具体来说，由 $NH_3 \cdot H_2O$（HMT 的水解产物）产生的 OH^- 和 NH_4^+ 离子分别与 Ni^{2+} 和葡萄糖的醛基反应形成 $Ni(OH)_2$ 纳米片和偶氮甲碱，而不稳定的偶氮甲碱进一步转化为 $Ni(OH)_2$ 纳米片表面上的 N-polysaccharide[25,26]。同时，$NH_3 \cdot H_2O$ 蒸发产生的 NH_3 气泡可以作为软模板，诱导 $Ni(OH)_2$@N-polysaccharide 纳米片在气泡表面自组装从而形成三维分层的中空类花状结构 [27]。随着反应时间的延长，气泡逐渐破裂，纳米薄片在腔内同时生长，最终形成一个相对致密的花状固体结构。然后，在 N_2 氛围中于 900℃的温度下热解进行完全碳化，以获得两种 3D 花状材料。

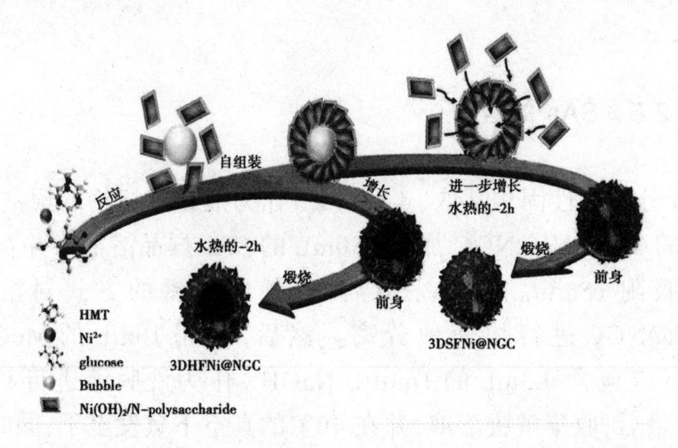

图 2.57　3DHFNi@NGC 和 3DSFNi@NGC 的合成策略和形成过程示意图

采用 SEM 对 3DHFNi@NGC 和 3DSFNi@NGC 的形貌特征进行观察。如图 2.58（A）和（B）所示，3DHFNi@NGC 展现了由无数平均厚度～17nm 褶皱的纳米片组装而成的定义良好的 3D 花状形貌（～1.43μm，见图 2.58（A）插图）。从图 2.58（B）的插图中破裂的微球上可以清楚地观察到大量纳米片的交错生长产生了许多空洞。这种独特的空心花状结构不仅可以提供许多的内部空腔，而且还可以提供相互连接的通道和高比表面积，从而有利于产生便利的传质路径和足够的吸附位点。相比之下，3DSFNi@NGC 也显示出类似的花状结构 [～1.44μm，请参见图 2.58（C）的插图]，其中褶皱的纳米片的厚度（～30nm）比 3DHFNi@NGC 的要厚一些 [图 2.58（C）和（D）]。但未观察到中空结构，这表明随着反应时间的增加空心结构有可能进一步增长为实心结构。采用 TEM 对 3DHFNi@NGC 和 3DSFNi@NGC 的内部形貌进行观察。在图 2.58（E）中，清楚地显示了 3DHFNi@NGC 的中空结构，并且观察到了一些黑点，这可能是由于煅烧过程中金属 Ni 的堆积所致。放大的 TEM 图像还显示出，中空结构的外壳实际上是由许多厚度为 10～20nm 的纳米片组成的 [见图 2.58（F）]，并在薄纳米片上观察到许多中孔。此外，3DSFNi@NGC 的 TEM 图像再次证实了其实体结构 [见图 2.58（G）]。

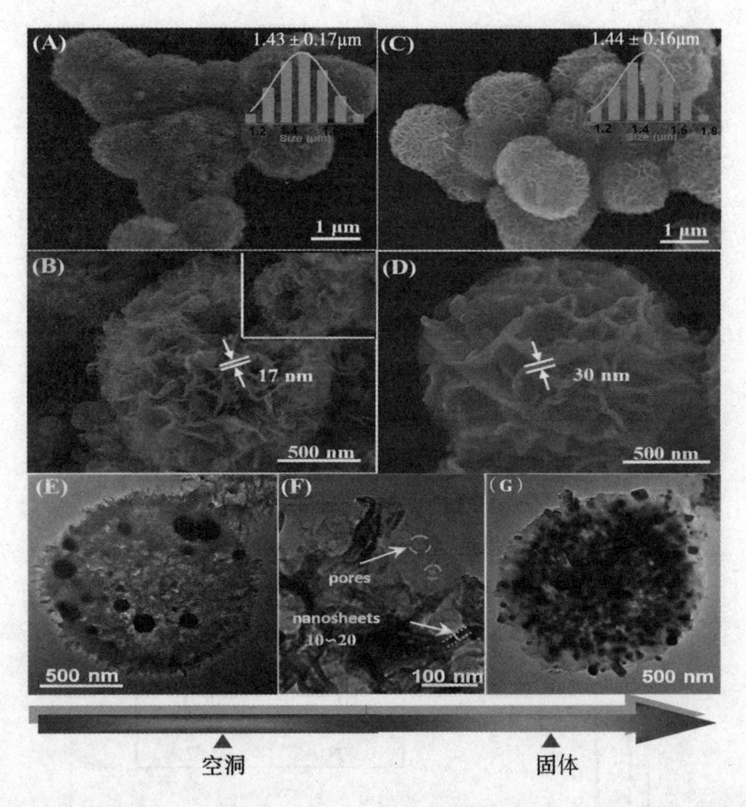

图 2.58　3DHFNi@NGC（A，B）和 3DSFNi@NGC（C，D）的 SEM 图像；3DHFNi@NGC（E）及其外壁边缘（F）以及 3DSFNi@NGC（G）的 TEM 图像

采用 XRD 对所制备的材料的晶体结构进行表征。如图 2.59 所示，这两个制备样品显示出几乎相同的晶体结构，其中在 44.5°、51.8° 和 76.4° 处的峰对应于金属镍（JCPDSno.04-0850）[30] 的（111）、（200）和（220）面。此外，在图中观察到石墨碳的（002）面的特征衍射峰～26°，这表明材料中存在石墨碳结构 [31]。此外，EDS 分析（图 2.59）表明了 3DHFNi@NGC 是由 Ni，C 和 N 所构成的。镍元素的存在赋予 3DHFNi@NGC 令人满意的磁性，从而使其能够从溶液中快速磁分离（图 2.60 的插图）。少量的 N 原子掺杂由于其高电负性，可能能够赋予 3DHFNi@NGC 更多的吸附位点。

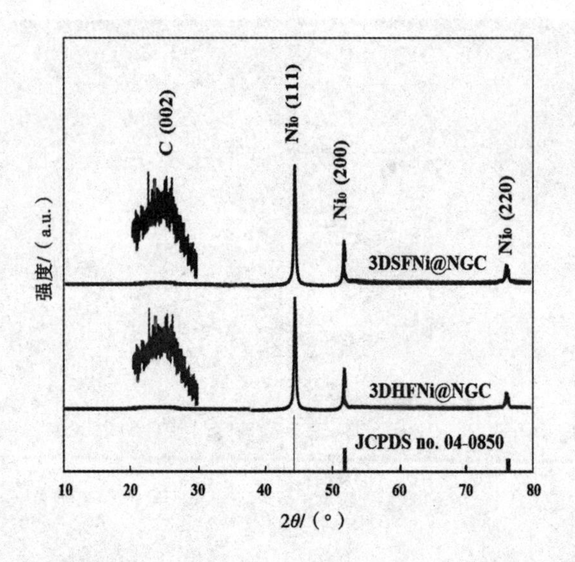

图 2.59　3DHFNi@NGC 和 3DSFNi@NGC 的 XRD 光谱图

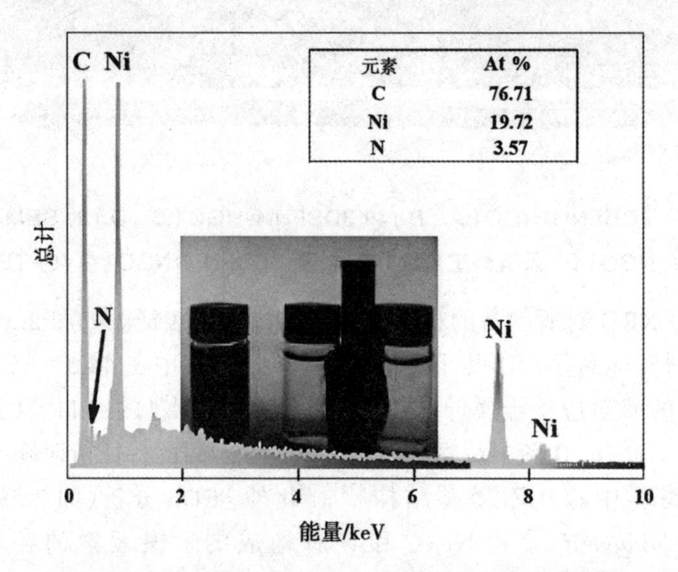

图 2.60　3DHFNi@NGC 的 EDS 图，磁性分离实验

用 N_2 吸附 / 解吸分析进行了表面积和孔隙度的探测。3DHFNi@NGC 和 3DSFNi@NGC 的谱图均具有Ⅳ型等温线(IUPAC 分类)，并在 0.4/1.0 的 P/P0 处有一个长而窄的磁滞回线，这意味着存在足够的中孔 [图 2.61 (A)][32,33]。根据 Brunauer-Emmett Teller (BET) 理论，测得 3DHFNi@NGC 的比表面积为 162.5m^2/g，然而该值低于 3DSFNi@NGC (249.9m^2/g)，这主要归因于其分层外壳的紧密组装(参见图 2.61

的 SEM 图像)。有趣的是,与 3DSFNi@NGC 相比,3DHFNi@NGC 表现出更大的孔体积(0.348cm^3/g)和更宽的孔径分布(根据 BaBarrett-Joyner-Halenda 模型从吸附分支数据获得)[见图 2.61(B)]。包括微孔(<2nm)和中孔(2～50nm)以及大孔(>50nm)[34]。值得注意的是,3DHFNi@NGC 中的分层孔可能更有利于 SAs 的吸附,因为低尺寸的孔和高尺寸的孔可以分别提供更多的表面位点和便利的传质通道。

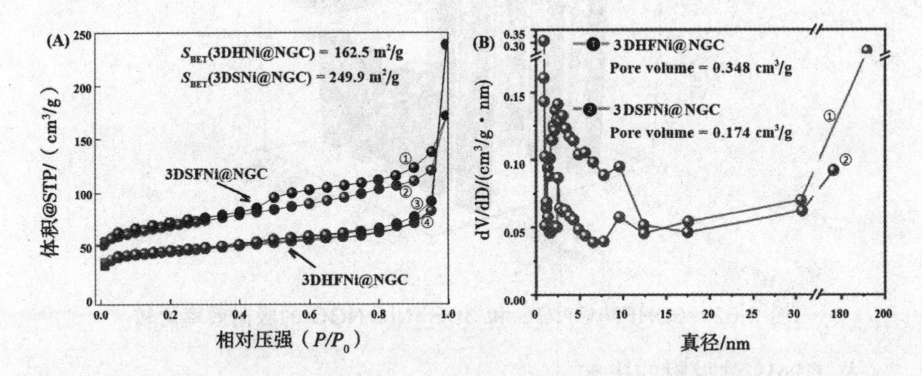

图 2.61　3DHFNi@NGC 和 3DSFNi@NGC 的 N_2 吸附 / 脱附等温线(A)和孔径分布(B)

2.4.3.2　吸附材料的选择

为了探索吸附性能与其结构之间的关系,本研究比较了 3DHFNi@NGC 和 3DSFNi@NGC 的吸附效率。如图 2.62 所示,尽管 3DHFNi@NGC 的 SBET 低于 3DSFNi@NGC,但其吸附效率比 3DSFNi@NGC 更高(吸附效率:3DHFNi@NGC 高于 98%,3DSFNi@NGC 低于 53%),这意味着 SBET 不是控制吸附性能的唯一因素。疏松的层级花状中空结构(3DHFNi@NGC)的互联通道可以提供方便的传质路径。特别是在 3DHFNi@NGC 中大量的开放 / 合适的内部空腔对 SAs 的吸附起到了至关重要的作用,为目标提供了大量的可访问 / 可用的内部表面和大的储存容量。此外,作为次级构建单元的纳米片更薄、褶皱更多,吸附位点也更丰富。因此,选择 3DHFNi@NGC 用于后续实验。

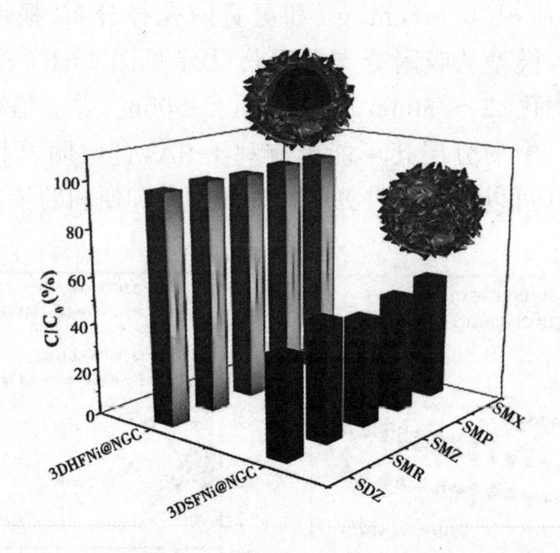

图 2.62　3DHFNi@NGC 和 3DSFNi@NGC 的吸附效率比较

（1）pH 对吸附的影响

溶液的 pH 值是吸附过程中的重要参数之一。材料对 SAs 的吸附性能在 2.0 ~ 10.0 的 pH 范围内进行了探究。如图 2.63 所示，萃取效率在 2.0 ~ 7.0 的 pH 范围内保持恒定，而随着 pH 值从 7.0 增加到 10.0，SAs 的吸附量从 3.99mg/g 降至 2.56mg/g。因此本工作未调节溶液 pH（溶液初始 pH=6.1）。

（2）单 / 多组分系统的吸附动力学

对 SAs 进行了时间依赖性吸附实验以深入了解 3DHFNi@NGC 上的吸附动力学。从图 2.64 可以看出，3DHFNi@NGC 对 SAs 的吸附能力在前 4min 内急剧增加，在单组分 / 多组分体系中，吸附平衡可以在 8min/10min 内快速达到。可见，对各种 SAs 的吸附能力在多组分体系中均低于单组分体系，说明结构相似的 5 种 SAs 之间存在竞争吸附 [34]。准一阶和准二阶动力学方程被采用以研究 SAs 在 3DHFNi@NGC 上的吸附动力学。

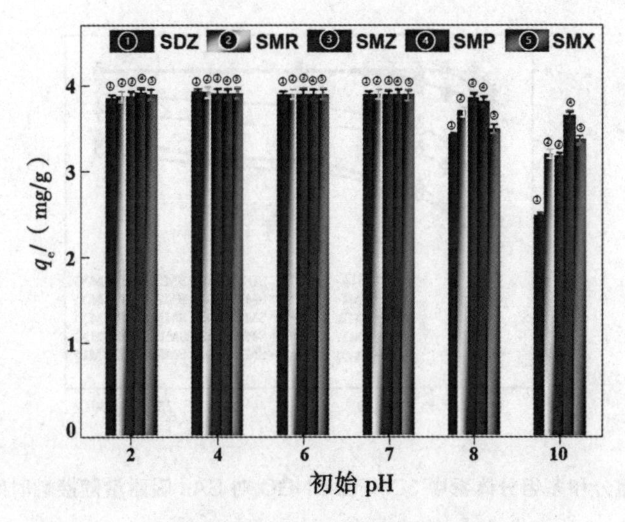

图 2.63　pH 对吸附 SAs 的影响

准一阶动力学：

$$\lg\left(q_e-q_t\right)=\lg q_e-\frac{k_1t}{2.303}$$

准二阶动力学：

$$\frac{t}{q_t}=\frac{1}{k_2q_e^2}+\frac{t}{q_e}$$

式中，q_t（mg/g）和 q_e（mg/g）分别为 t 时刻和平衡时吸附的 SAs 的量。k_1 和 k_2 分别是准一阶和二阶吸附动力学的速率常数。经实验结果可知，该吸附过程与准二阶动力学模型更匹配（r^2>0.997）[29]。此外，还发现较大的初始吸附速率 h[h=k_2q_e, mg/(g・min）]（参见表 2.19），表明吸附过程较快，这得益于中空的花状结构为目标提供了丰富的吸附位点、开放的孔隙和快速的扩散 / 转移路径。

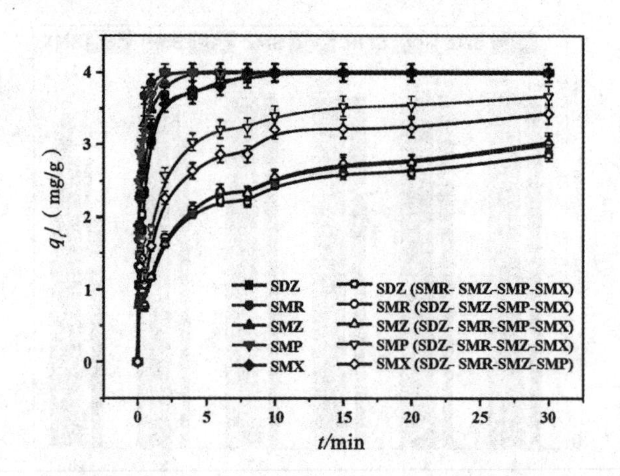

图 2.64　单组分和多组分体系中 3DHFNi@NGC 对 SAs 吸附量随接触时间的关系图

表 2.19　五种 SAs 在单组分 / 多组分体系中的吸附动力学常数

目标物 s	伪一阶模型			伪二阶模型			
	q_{e1} mg/g	k /min^{-1}	r_1	q_{e2} mg/g	k g/（mg·min）	h mg/（g·min）	r_2
Single-SDZ	1.486	0.363	0.949	4.065	1.565	25.860	1
SMR	1.281	1.943	0.907	4.082	2.611	43.506	0.999
SMZ	1.986	1.308	0.977	4.106	1.746	29.436	0.999
SMP	1.311	3.372	0.967	4.066	2.883	47.663	0.999
SMX	1.518	0.401	0.941	4.048	1.162	19.041	0.999
Multi- SDZ（SMR-SMZ-SMP-SMX）	1.852	0.124	0.950	2.871	0.275	2.267	0.997
SMR（SDZ-SMZ-SMP-SMX）	1.968	0.122	0.951	3.008	0.253	2.289	0.997
SMZ（SDZ-SMR-SMP-SMX）	1.967	0.120	0.953	3.048	0.237	2.202	0.997
SMP（SDZ-SMR-SMZ-SMX）	2.898	0.267	0.934	3.711	0.360	4.958	0.999
SMX（SDZ-SMR-SMZ-SMP）	1.774	0.242	0.927	3.454	0.318	3.794	0.999

$q_{t=kdt}^{1/2+I}$ 通过 Weber-Morris 模型对吸附过程中的速率控制步骤进行了考究。

Weber-Morris 模型：

$$q_t=K_{dt}{}^{1/2}+I$$

式中，I 为涉及边界层厚度的常数，K_d 为速率常数 [mg/（g · min$^{1/2}$）]。如图 2.65 所示，SAs 中 q_t 与 $t_{1/2}$ 的关系图显示了三个不同的区域。以 SMP 为例，第一线性区域（t_1≈1.0min）意味着外部质量传递和 SMP 分子吸附在 3DHFNi@NGC 外表面的吸附位点，而第二个线性区域（t_2≈7.0min）代表粒子内扩散和 SMP 分子吸附在 3DHFNi@NGC 孔中的吸附位点。第三线性区域为吸附—解吸平衡阶段。由拟合曲线未经过原点可判断内外扩散共同控制着吸附速率。显然地，由 t_1（1.0min）< t_2（7.0min）可知，SAs 的速率控制步骤主要为粒子内扩散。

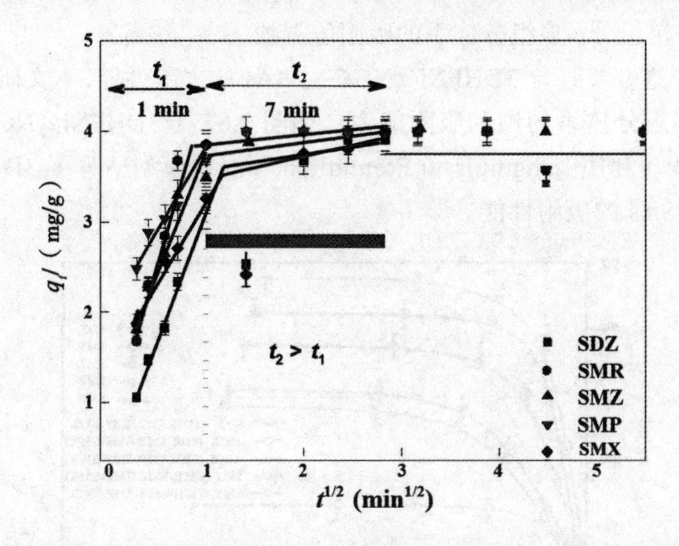

图 2.65 单组分体系中吸附在 3DHFNi@NGC 上的 SAs 的动力学模型的 Weber-Morris 图

SAs 在 3DSFNi@NGC 上的类似的时间依赖性吸附实验和相应的 Weber-Morris 模型被研究（图 2.66）。显然，具有中空结构的 3DHFNi@NGC 表现出更快的颗粒内扩散过程，这可能归因于其更多的大孔和开放通道，以及合适的内部空腔，这些特质可以实现更方便的传质路径。

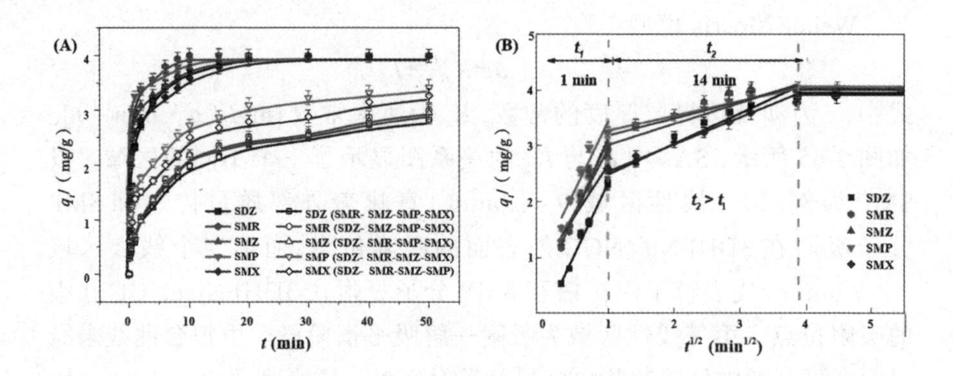

图 2.66 单组分和多组分体系中 3DSFNi@NGC 对 SAs 吸附量随吸附时间的关系图

（3）单组分 / 多组分体系的吸附等温线

为了进一步评价 3DHFNi@NGC 对 SAs 的去除性能，本文研究了单组分 / 多组分体系的饱和吸附能力。如图 2.67 为 3DHFNi@NGC 的吸附等温线。利用 Langmuir 和 Freundlich 等温线模型估算了 3DHFNi@NGC 对 SAs 的吸附性能。

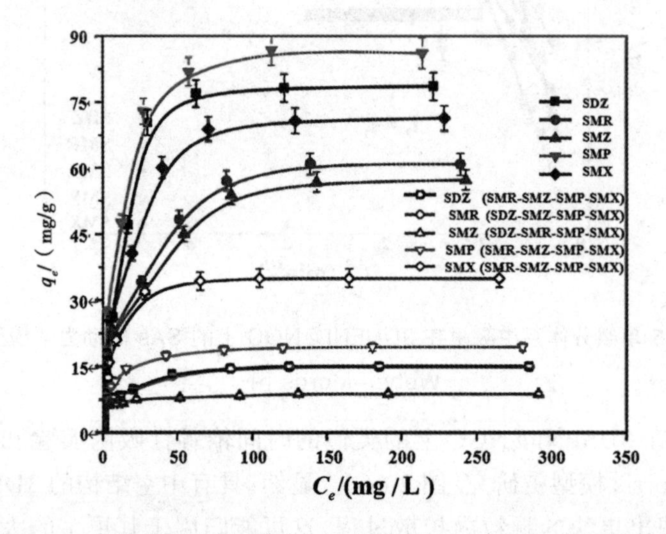

图 2.67 在单 / 多组分系统中 3DHFNi@NGC 对 SA 的吸附等温线

Langmuir 模型：

$$\frac{C_e}{q_e}=\frac{C_e}{q_m}+\frac{1}{bq_m}$$

Freundlich 模型：

$$gq_e = \lg K_F + \frac{1}{n}\lg C_e$$

式中，q_m（mg/g）为最大单层吸附容量，b（L/mg）为与结合位点亲和力相关的Langmuir 常数，K_F 和 n 为最大吸附容量和吸附强度。相比之下，该吸附过程与Langmuir 模型更匹配(单组分系统：$0.996<r_1<0.999$；多组分系统：$0.997<r_1<0.999$)，相关参数列于表 2.20。SDZ、SMR、SMZ、SMP 和 SMX 在单组分体系中的饱和吸附容量分别为 81.6mg/g、62.5mg/g、58.8mg/g、86.9mg/g 和 74.1mg/g，与实验结果基本一致。但是，与单组分体系相比，每种 SAs 的饱和吸附容量在多组分体系中的吸附容量较低(SDZ 为 15.5mg/g；SMR 为 15.3mg/g；SMZ 为 8.9mg/g；SMP 为 19.6mg/g；SMX 为 36.0mg/g)，从而进一步确认了竞争性吸附的存在。5 种 SAs 之间的竞争吸附能力遵循 SMX>SMP>SMR≈SDZ>SMZ，这一顺序几乎与它们的疏水性顺序相似(以 $\log K_{ow}$ 表示，见表 2.20)。SMZ 的差异可能是由于这两个甲基具有较高的位阻效应。值得注意的是，多组分体系中 3DHFNi@NGC 的总饱和吸附容量(95.3mg/g)在竞争吸附存在的情况下并没有降低，甚至高于单组分体系的最大值(SMP：86.9mg/g)，这展现了 3DHFNi@NGC 出色的吸附性能。此外，与实心结构相比，这种独特的中空结构表现出对 5 种 SAs 更大的饱和吸附能力和相似的趋势(见图 2.68)。

表 2.20 五种 SAs 在单组分 / 多组分体系中的吸附等温线常数

目标物 s	朗缪尔			弗罗因德利希		
	q_m mg/g	b L/mg	r_1	K_F mg/g	n min^{-1}	相对系数
Single-SDZ	81.62	0.153	0.999	10.47	2.174	0.969
SMR	62.51	0.138	0.997	10.23	2.632	0.973
SMZ	58.82	0.128	0.996	9.73	2.703	0.963
SMP	86.96	0.255	0.999	16.98	2.778	0.977
SMX	74.08	0.175	0.998	13.49	2.857	0.982
Multi- SDZ (SMR-SMZ-SMP-SMX)	15.51	0.186	0.997	3.40	3.125	0.976

续表

目标物 s	朗缪尔			弗罗因德利希		
	q_m mg/g	b L/mg	r_1	K_F mg/g	n min^{-1}	相对系数
SMR（SDZ-SMZ-SMP-SMX）	15.27	0.189	0.998	3.55	3.226	0.976
SMZ（SDZ-SMR-SMP-SMX）	8.89	0.393	0.999	3.17	4.348	0.938
SMP（SDZ-SMR-SMZ-SMX）	19.61	0.315	0.999	4.82	3.226	0.938
SMX（SDZ-SMR-SMZ-SMP）	36.04	0.252	0.999	5.62	2.381	0.941

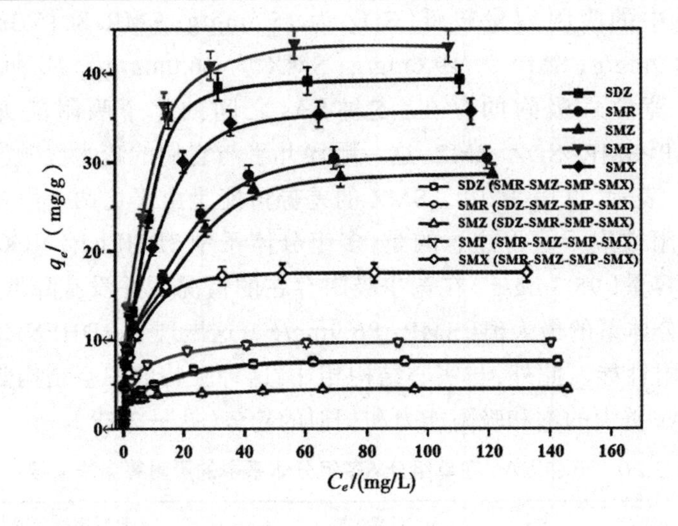

图 2.68 在单 / 多组分系统中 3DSFNi@NGC 对 SA 的吸附等温线

（4）吸附机理

为了解吸附剂优越的吸附性能，对吸附剂与目标物之间的相互作用机理进行了探讨。吸附效率在 pH 2.0 ～ 7.0 范围内最高。SAs 在该 pH 区间内主要以分子的形式存在（pK_a：5.81 ～ 7.89，），这表明强烈的静电相互作用在 3DHFNi@NGC 与 SAs 之间是不存在的。如上所述，具有较高疏水性的 SAs（由 $\log K_{ow}$ 表示）在 3DHFNi@NGC 的吸附中展现出更大的吸附值，例如 SMX（$\log K_{ow}$=0.89）和 SMP（$\log K_{ow}$=0.32）分别对应于五组分体系中吸附量排名的第一和第二[35]。相反，SMR

和 SDZ 的吸附几乎相等，而两个甲基的位阻效应使 SMZ 的吸附值较低（其他三个 SAs 的主要区别在于甲基的数量）。这种现象也预示了 3DHFNi@NGC 与 SAs 之间存在疏水效应。此外，3DHFNi@NGC 中掺杂的 N 原子（拥有孤对电子）可能会与 SAs 中氨基（$—NH_2$ 或—NH—）的正极性氢原子形成 H 键相互作用 [34]。如图 2.69（A）所示，高分辨率 XPSN1s 光谱分别表现出三个特征峰，分别对应于石墨 N（401.1eV），吡咯 N（400.3eV）和吡啶 N（398.8eV）。不出所料，吸附后吡啶—N 从 398.8eV 迁移到 399.3eV，可能归因于电子云密度降低，这证明了 3DHFNi@NGC 和 SA 之间可能形成 N⋯H-N 络合物 [36,37]。与离子形态的 SAs 相比，中性 SAs 与 3DHFNi@NGC 的疏水 / 氢键作用更强，吸附能力更强，因此具有更高的吸附 [35,38]，这也与 pH 值的影响结果一致（见图 2.69），间接证明了 SAs 与 3DHFNi@NGC 之间的吸附是伴有氢键相互作用和疏水作用 [39]。此外，吸附后的材料的位于 $1599cm^{-1}$ 处的拉曼 G 带（石墨域，sp2-C）移至 $1581cm^{-1}$[图 2.69（B）]，这意味着电子给体效应的出现 [36]，表明 3DHFNi@NGC 和芳香族 SAs 之间存在 π-π 相互作用。最终，可能涉及的驱动力主要是以下三种：（i）π-π 相互作用；（ii）氢键；（iii）疏水作用。

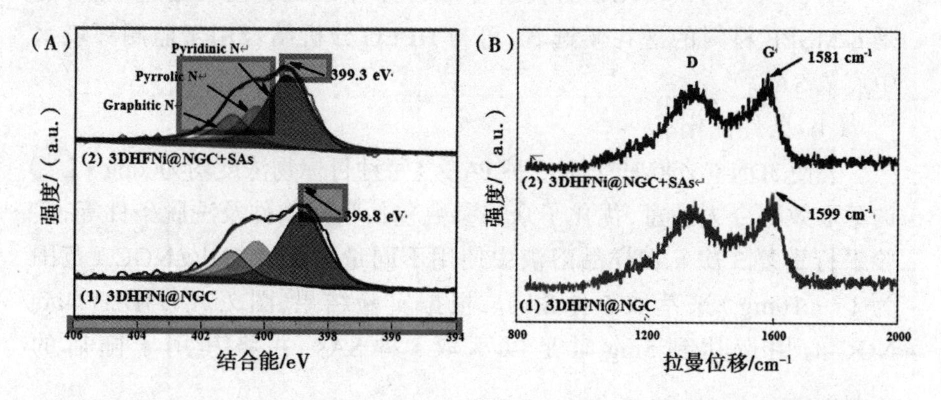

图 2.69　吸附 SAs 前后 3DHFNi@NGC 的 XPS N 1s 光谱（A）和拉曼光谱（B）

（5）实际污水中去除 SAs

探究材料在真实样品中的可行性具有重要意义。使用加标的河水（中国沈阳新开河）和市政污水样本（来自中国沈阳新民污水处理厂）测试 3DHFNi@NGC 的适用性（见图 2.70）。与超纯水基质溶液相比（参见图 2.70），在真实废水中未观察到 3DHFNi@NGC 对 SAs 的去除效率显著降低，表明其具有很强的抗干扰能力和令人满意的可行性。

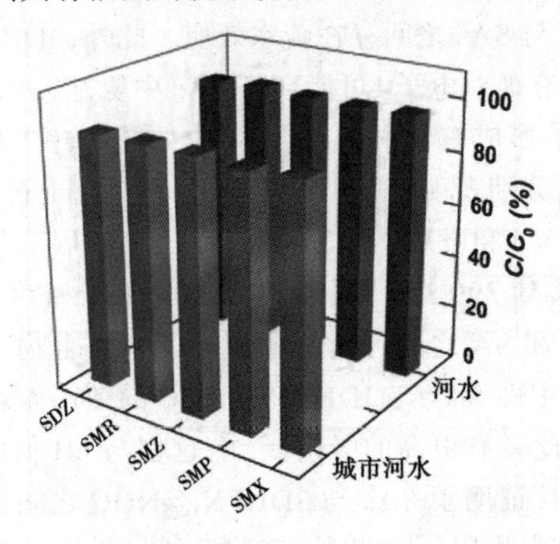

图 2.70　加标河水和城市污水中 SAs 去除的比较

2.4.3.3　痕量 SAs 的检测

鉴于 3DHFNi@NGC 的吸附容量大且对 SAs 的吸收迅速，它可能是 d-MSPE 材料的潜在候选者，可与 HPLC 分析结合用于监测环境水中痕量 SAs。

（1）条件优化

为使 3DN-Co@C/HCF 对 5 种 PAEs（每种目标物浓度均为 2mg · L^{-1}）的萃取效率令人满意，优化了众多参数包括吸附条件及洗脱条件等，实验平行重复 3 次。在样品溶液中使用不同量的 3DHFNi@NGC（范围为 1 ～ 10mg）来萃取 5 种 SAs。根据实验结果（图 2.71），3DHFNi@NGC 的用量达到 5mg 时足以萃取 5 种 SAs，并将其用于随后的实验。

在 2 ～ 30min 内对吸附时间进行优化。根据实验结果（图 2.72），吸附 15min 时足以萃取 5 种 SAs，并选其用于后续实验。

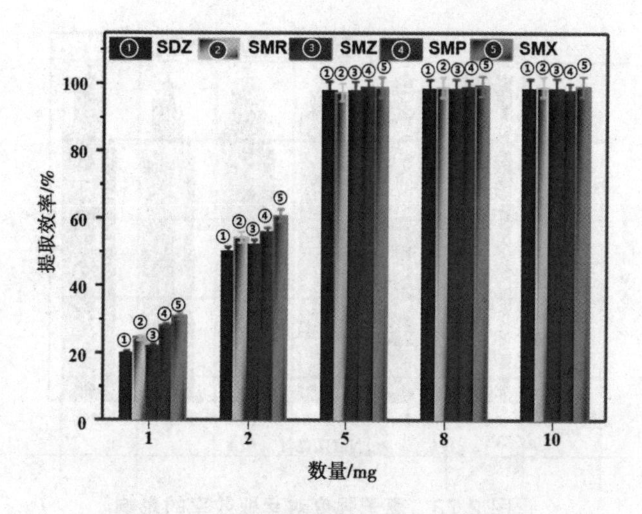

图 2.71　吸附剂用量对萃取效率的影响

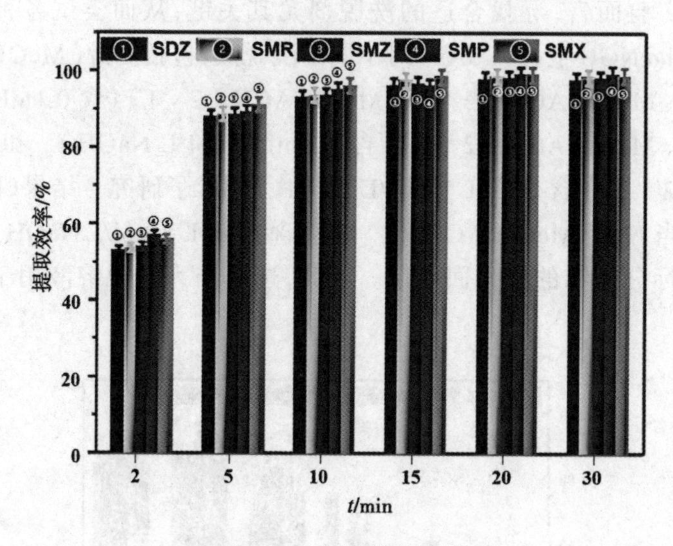

图 2.72　吸附时间的优化

以改变溶液中 NaCl 浓度(0 ～ 20%, *w*/*v*)的方式对离子强度进行调节,从而对其吸附效率进行优化。在该实验中,吸附效率并未随着离子强度的增加而增加(图 2.73),因此在萃取过程中样品溶液的离子强度未被调节。

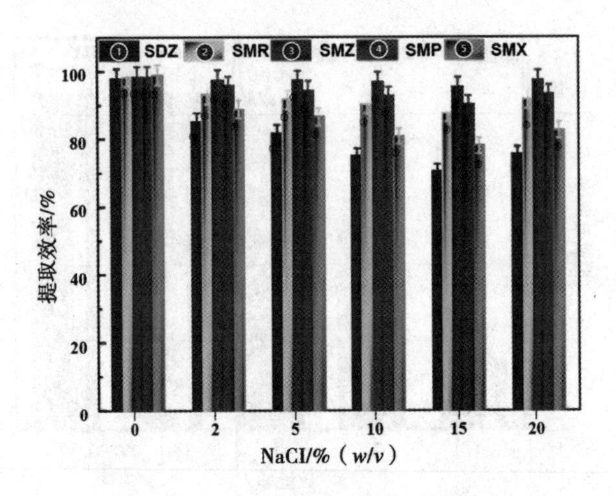

图 2.73　离子强度对萃取效率的影响

对实验而言，寻找合适的洗脱剂尤其关键，从而尝试各种溶剂从3DHFNi@NGC上解吸SAs。对不同的洗脱液，包括甲醇(MeOH)、乙腈(ACN)、MeOH/ACN(2∶1)、MeOH/ACN(2∶1)(含0.1mL 1mol/L NaOH)、MeOH/ACN(2∶1)(含 0.3mL 1mol/L NaOH) 和 MeOH/ACN(2∶1)(含0.5mL 1mol/L NaOH)进行了研究。结果(图2.74)表明，当使用MeOH/ACN(2∶1)(含0.3mL 1mol/L NaOH)时，获得了目标分析物的最大回收率。因此，选其作为洗脱溶液用于随后的实验。

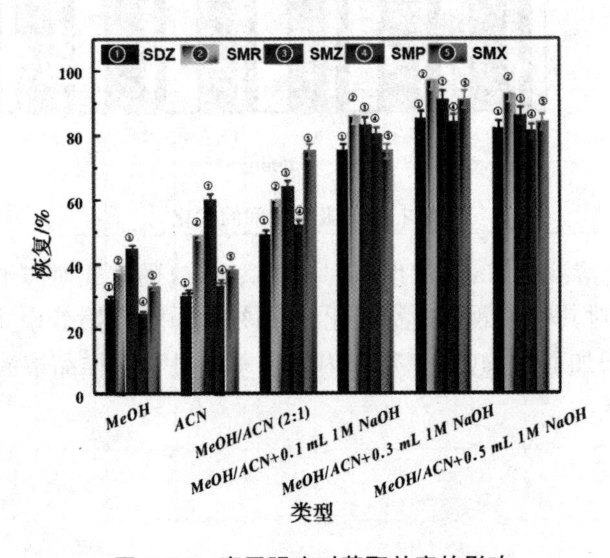

图 2.74　离子强度对萃取效率的影响

在洗脱过程中，将洗脱液体积从1mL调整至15mL以研究其效果。由结果可知（图2.75），10mL洗脱液足以从3DHFNi@NGC上分离出目标分析物，并将其选择用于后续实验。

在洗脱过程中，洗脱方式选择超声洗脱，并将洗脱时间在2～15min内进行优化。由结果可知（图2.76），当洗脱时间为10min回收率达到峰值。因此，选其用于后续实验。

此外，增大样品溶液的体积也可以提高3DHFNi@NGC对痕量SAs的预富集效率（见图2.77）。当样品体积增加至150mL时，回收率仍能达到84.7%以上，因此在后续实验中，我们将样品体积固定在150mL。

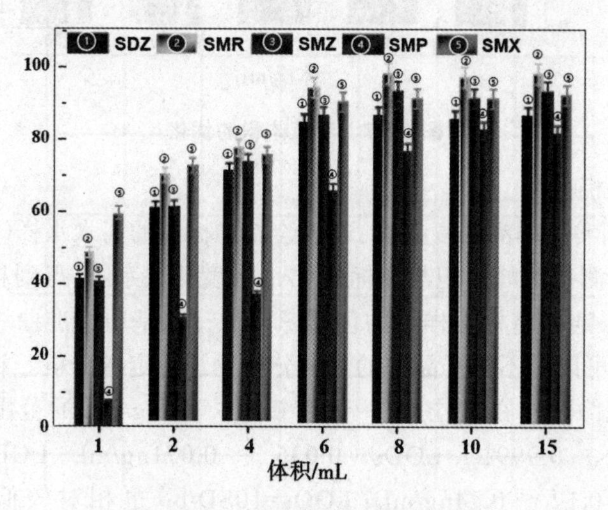

图2.75　洗脱溶剂体积的优化

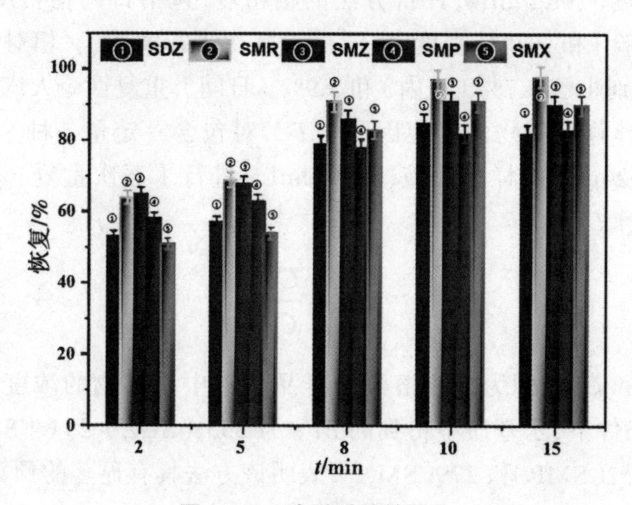

图2.76　洗脱时间的优化

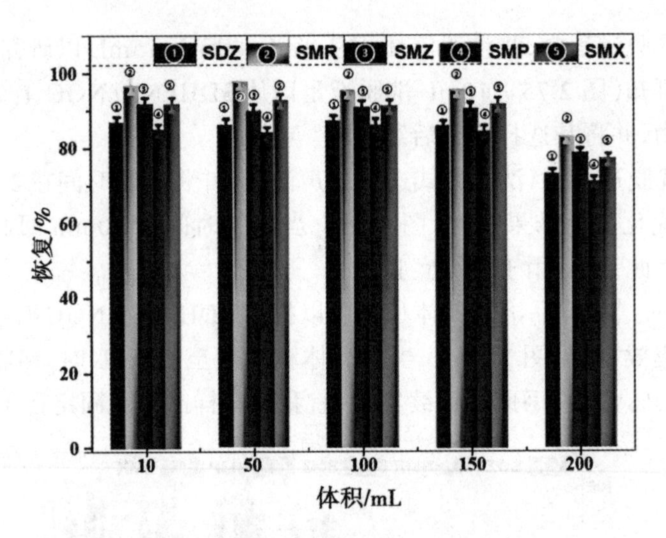

图 2.77 溶液体积的优化

（2）分析性能

考虑到实际样品的复杂性，通过绘制加标后的河水水样（中国沈阳，蒲河）中所测得的峰面积与加标的 SAs 浓度的关系图，得到相应的基质标准曲线。通过将检测样品的色谱峰面积计入基质标准曲线以确定分析物浓度，可以对不同样品中的目标分析物进行定量分析。相应的结果列于表 2.21 中。（在最佳条件下，在 0.2 ～ 100ng/mL 的范围内线性良好（$0.9975<r<0.9991$），LODs（0.035 ～ 0.071ng/mL；LODs=3SD/b）和 LOQs（0.12 ～ 0.24ng/mL；LOQs=10SD/b）也相对较低。通过测定标准浓度（10ng/mL），评价方法的精密度，包括日内精密度（一天三次平行实验）和日间精密度（连续三天三次平行实验）。相对标准偏差（RSD）分别小于 5.7%（日内）和 5.9%（日间），重复性令人满意。

为了计算分析物的富集因子（EF），对包含一定量 5 种 SAs（每种含量均为 20μg）的样品溶液（V=150mL）进行了五次重复。使用以下方程式计算 EF：

$$EF=\frac{C_a}{C_s}$$

其中，C_a 和 C_s 分别为分析溶液和样品溶液中目标物的浓度。结果显示，最佳条件下，水基质中得到的 EFs 为 255（SDZ）、291（SMR）、273（SMZ）、252（SMP）和 279（SMX），表明该方法具有显著的预富集能力。

表 2.21　d-MSPE-HPLC-UV 测定 SAs 的方法学考察

分析物	线性范围[a]	r	检出限[a]	LOQ[a]	富集因数	RSD（%）（n=3）	
						日内	日间
SDZ	0.2～100	0.9996	0.063	0.21	255	4.2	5.2
SMR	0.2～100	0.9992	0.035	0.12	291	3.5	5.6
SMZ	0.2～100	0.9989	0.042	0.14	273	3.9	5.9
SMP	0.2～100	0.9993	0.059	0.20	252	5.7	4.8
SMX	0.2～100	0.9992	0.071	0.24	279	4.5	4.3

（3）实际样品分析

为了证明该方法用于分析实际样品中 SAs 的可行性，将优化的 d-MSPE-HPLC-UV 方法进一步应用于监测河流水样品中的 SAs（沈阳，新开河）。在空白河水样品（新开河）中成功鉴定出两个痕量目标物（SDZ 和 SMR），平均加标回收率为 89.1%～105.9%，RSD ≤ 4.5%（n=5），结果（表 2.22）表明，该方法从实际样品中测定 SAs 具有令人满意的准确性、良好的重现性和好的精密度。图 2.78 显示了 3DHFNi@NGC 基 d-MSPE 处理后河水的代表性色谱图。

表 2.22　实际样品的分析结果

样品 s	加标浓度 /ng/mL	河水	
		检出限 /ng/mL	回收率 /%
SDZ	0	0.32	—
	0.5	0.83 ±0.02	101.7
	10.0	10.67 ±0.32	103.5
	50.0	46.47±1.25	92.3
SMR	0	0.18	—
	0.5	0.71±0.01	106.1
	10	9.09±0.27	89.1
	50	46.33±1.41	93.8
SMZ	0	n.d.	—
	0.5	0.48±0.02	96.8
	10	8.93±0.24	89.3
	50	52.95±1.10	105.9

续表

样品 s	加标浓度 /ng/mL	河水	
		检出限 /ng/mL	回收率 /%
SMP	0	n. d.	-
	0.5	4.87±0.01	97.4
	10	10.53±0.31	105.3
	50	46.22±1.35	92.4
SMX	0	n. d.	-
	0.5	4.89±0.02	97.8
	10.0	10.23±0.18	102.3
	50.0	45 43±1 52	90.8

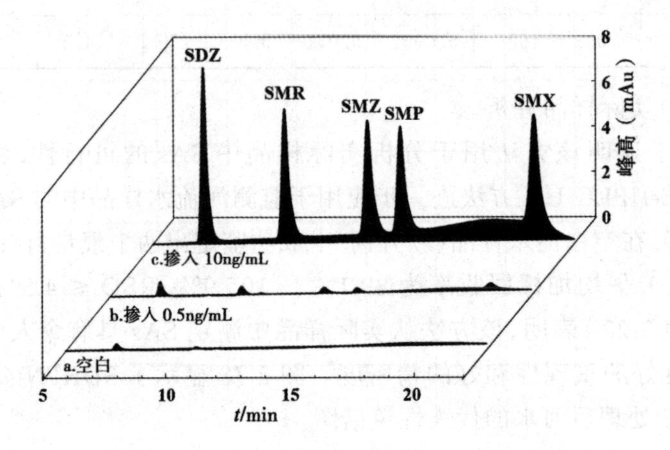

图 2.78 空白河水（a）、加标 0.5ng/mL（b）和 10ng/mL（c）的河水样品色谱图

（4）方法对比

将基于 d-MSPE（3DHFNi@NGC）-HPLC-UV 的方法与其他已发表的测定 SAs 的分析方法进行了比较（表 2.23）。与其他已报道的方法相比，该分析方法 LOD 更低，线性范围更宽，回收率更高。并且，方便的磁分离技术也可以节省时间与成本。因此，基于 3DHFNi@NGC 的 d-MSPE 被认为是用于 SAs 检测的有前途的前处理技术。

表 2.23　方法对比

分析方法	分析物	样品 s	吸附剂	线性范围[a]	检出限[a]	回收率 /%
SPE-HPLC-UV	SDZ，SMP，SMZ，SMX	水	CuMeS	0.05 ～ 150	0.008 ～ 0.019	89.0 ～ 104.0
SPE-HPLC-DAD	SDZ，STZ，SME	水	PPY/GO/PVA	0.2 ～ 100	0.1 ～ 0.2	85.5 ～ 99.0
μSPE-HPLC-UV	SMX，SMM，SDM SDZ，SMZ，SMX	水	cryogel TiO_2 nanotube	1 ～ 200	0.27 ～ 0.59	82.8 ～ 101
MSPE-HPLC-UV	SDM，SMP，SDD SPD，SMR，SME，SMM，SCP，SD	水	arrays Fe_3O_4@SiO_2/grap hene	0.5 ～ 100	0.09 ～ 0.16	74.1 ～ 104.1
MSPE-HPLC-UV	SDZ，SMR，SMZ，SMX，SMP	水	3DHFNi@NGC	0.2 ～ 100	0.035 ～ 0.071	89.1 ～ 105.9

（5）3DHFNi@NGC 的稳定性和再生能力的研究

对于理想的吸附材料来说，优异的稳定性和可回收性至关重要。在 10mL 目标溶液（每种 SAs 的浓度均为 2mg/L）中测量 3DHFNi@NGC 的可回收性 [图 2.79（A）]。在下一次吸附之前，用 MeOH/ACN（2/1，*v/v*）（含 0.3mL 1mol/L NaOH）和去离子水依次洗涤所用的 3DHFNi@NGC。经过 10 次回收，3DHFNi@NGC 的去除率也没有显著降低，表明其具有较好的可回收性。此外，XRD 和 SEM 结果证实了在使用过程中结构和形貌的稳定性 [图 2.79（B），（C）]。显然，凭借其自身优异的磁性以及结构稳定性，3DHFNi@NGC 是一种很有前途的用于去除和萃取 5 种 SAs 的吸附剂。

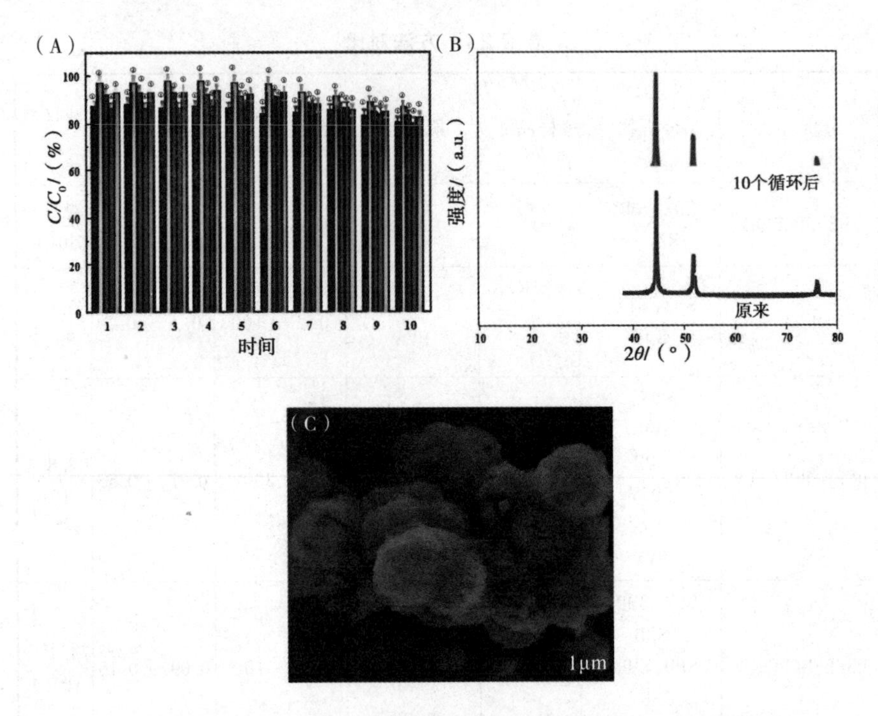

图 2.79 3DHFNi@NGC 的循环性能图(A)、10 次循环前后 3DHFNi@NGC 的 XRD 图谱(B)、10 次循环后的 3DHFNi@NGC 的 SEM 图像(C)

2.4.4 结论

综上所述,本研究成功地制备了 3DHFNi@NGC 作为一种智能吸附剂,并将其与 HPLC 结合起来用于灵敏检测和有效去除水中的 SAs。与实心结构相比,中空结构由于内部空腔的存在,对 SAs 的吸附能力提高了近一倍。鉴于 3DHFNi@NGC 对 SAs 的亲和力高,可与 HPLC 结合用作 d-MSPE 材料,用于灵敏地测定 5 种 SAs,与其他已公开方法相比,本方法 LOD 较低,线性范围更广,回收率令人满意。这项工作不仅证明了 3DHFNi@NGC 在促进水介质中 SAs 的有效修复和灵敏监测方面具有巨大潜力,而且为层级中空石墨碳材料的设计与制造提供了新的策略。

参考文献

[1] ZHAO Y J, TANG M M, LIAO Q B, et al. Disposable MoS_2-arrayed MALDI MS chip for high-throughput and rapid quantification of sulfonamides in multiple real samples [J]. ACS Sensors, 2018, 3 (4): 806-814.
[2] YU F, LI Y, HAN S, et al. Adsorptive removal of antibiotics from aqueous solution using carbon materials [J]. Chemosphere, 2016, 153: 365-385.
[3] FU X, LIANG H X, XIA B, et al. Determination of sulfonamides in chicken muscle by pulsed direct current electrospray ionization tandem mass spectrometry [J]. Journal of Agricultural and Food Chemistry, 2017, 65 (37): 8256-8263.
[4] LI G, BEN W W, YE H, et al. Performance of ozonation and biological activated carbon in eliminating sulfonamides and sulfonamide-resistant bacteria: A pilot-scale study [J]. Chemical Engineering Journal, 2018, 341: 327-334.
[5] CHATZIMITAKOS T G, STALIKAS C D. Melamine sponge decorated with copper sheets as a material with outstanding properties for microextraction of sulfonamides prior to their determination by high-performance liquid chromatography [J]. Journal of Chromatography A, 2018, 1554: 28-36.
[6] CHULLASAT K, NURERK P, KANATHARANA P, et al. Hybrid monolith sorbent of polypyrrole-coated graphene oxide incorporated into a polyvinyl alcohol cryogel for extraction and enrichment of sulfonamides from water samples [J]. Analytica Chimica Acta, 2017, 961: 59-66.
[7] WANG Y, JIAO W B, WANG J T, et al. Amino-functionalized biomass-derived porous carbons with enhanced aqueous adsorption affinity and sensitivity of sulfonamide antibiotics [J]. Bioresource Technology, 2019, 277: 128-135.
[8] SUN P Z, LI Y X, MENG T, et al. Removal of sulfonamide

antibiotics and human metabolite by biochar and biochar/H_2O_2 in synthetic urine[J]. Water Research, 2018, 147: 91-100.

[9] WANG J Q, CHEN J W, QIAO X L, et al. DOM from mariculture ponds exhibits higher reactivity on photodegradation of sulfonamide antibiotics than from offshore seawaters[J]. Water Research, 2018, 144: 365-372.

[10] SUN X H, FENG M B, DONG S Y, et al. Removal of sulfachloropyridazine by ferrate (VI): Kinetics, reaction pathways, biodegradation, and toxicity evaluation[J]. Chemical Engineering Journal, 2019, 372: 742-751.

[11] GAO P S, GUO Y T, LI X Y, et al. Magnetic solid phase extraction of sulfonamides based on carboxylated magnetic graphene oxide nanoparticles in environmental waters[J]. Journal of Chromatography A, 2018, 1575: 1-10.

[12] HU G S, SHENG W, ZHANG Y, et al. Upconversion nanoparticles and monodispersed magnetic polystyrene microsphere based fluorescence immunoassay for the detection of sulfaquinoxaline in animal-derived foods[J]. Journal of Agricultural and Food Chemistry, 2016, 64 (19): 3908-3915.

[13] DMITRIENKO S G, KOCHUK E V, TOLMACHEVA V V, et al. Determination of the total content of some sulfonamides in milk using solid-phase extraction coupled with off-line derivatization and spectrophotometric detection[J]. Food Chemistry, 2015, 188: 51-56.

[14] NIU H Y, CAI Y Q, SHI Y L, et al. Evaluation of carbon nanotubes as a solid-phase extraction adsorbent for the extraction of cephalosporins antibiotics, sulfonamides and phenolic compounds from aqueous solution[J]. Analytica Chimica Acta, 2007, 594 (1): 81-92.

[15] WU J R, ZHAO H Y, CHEN R, et al. Adsorptive removal of trace sulfonamide antibiotics by water-dispersible magnetic reduced graphene oxide-ferrite hybrids from wastewater[J]. Journal of Chromatography B, Analytical Technologies in the Biomedical and

Life Sciences, 2016, 1029/1030: 106-112.
[16] CHATZIMITAKOS T, SAMANIDOU V, STALIKAS C D. Graphene-functionalized melamine sponges for microextraction of sulfonamides from food and environmental samples[J]. Journal of Chromatography A, 2017, 1522: 1-8.
[17] YU X Y, XU R X, GAO C, et al. Novel 3D hierarchical cotton-candy-like CuO: Surfactant-free solvothermal synthesis and application in As（Ⅲ）removal[J]. ACS Applied Materials & Interfaces, 2012, 4（4）: 1954-1962.
[18] ZHONG L B, LIU Q, ZHU J Q, et al. Rational design of 3D urchin-like $FeMn_xO_y$@FeOOH for water purification and energy storage[J]. ACS Sustainable Chemistry & Engineering, 2018, 6（3）: 2991-3001.
[19] ZHU L Y, LI H, XIA P F, et al. Hierarchical ZnO decorated with CeO_2 nanoparticles as the direct Z-scheme heterojunction for enhanced photocatalytic activity[J]. ACS Applied Materials & Interfaces, 2018, 10（46）: 39679-39687.
[20] LI G L, ZHANG X B, ZHANG H, et al. Bottom-up MOF-intermediated synthesis of 3D hierarchical flower-like cobalt-based homobimetallic phophide composed of ultrathin nanosheets for highly efficient oxygen evolution reaction[J]. Applied Catalysis B: Environmental, 2019, 249: 147-154.
[21] XIAO M, WANG Z L, LYU M Q, et al. Hollow nanostructures for photocatalysis: Advantages and challenges[J]. Advanced Materials, 2019, 31（38）: e1801369.
[22] ZHANG P, LOU X W D. Design of heterostructured hollow photocatalysts for solar-to-chemical energy conversion[J]. Advanced Materials, 2019, 31（29）: e1900281.
[23] LIU X Y, QI X Y, ZHANG L. 3D hierarchical magnetic hollow sphere-like $CuFe_2O_4$ combined with HPLC for the simultaneous determination of Sudan I-IV dyes in preserved bean curd[J]. Food Chemistry, 2018, 241: 268-274.
[24] KHAN N A, YOO D K, JHUNG S H. Polyaniline-encapsulated

metal-organic framework MIL-101: Adsorbent with record-high adsorption capacity for the removal of both basic quinoline and neutral indole from liquid fuel[J]. ACS Applied Materials & Interfaces, 2018, 10 (41): 35639-35646.

[25] LIU X Y, XU D, WANG Q, et al. Fabrication of 3D hierarchical byttneria aspera-like Ni@Graphitic carbon yolk-shell microspheres as bifunctional catalysts for ultraefficient oxidation/reduction of organic contaminants[J]. Small, 2018, 14 (49): e1803188.

[26] TONG Y, LIU X Y, ZHANG L. Green construction of Fe_3O_4@GC submicrocubes for highly sensitive magnetic dispersive solid-phase extraction of five phthalate esters in beverages and plastic bottles[J]. Food Chemistry, 2019, 277: 579-585.

[27] YOU H H, ZHANG L, JIANG Y Z, et al. Bubblesu-pported engineering of hierarchical $CuCo_2S_4$ hollow spheres for enhanced electrochemical performance[J]. Journal of Materials Chemistry A, 2018, 6 (13): 5265-5270.

[28] LIU X Y, TONG Y, ZHANG L. Tailorable yolk-shell Fe_3O_4@graphitic carbon submicroboxes as efficient extraction materials for highly sensitive determination of trace sulfonamides in food samples[J]. Food Chemistry, 2020, 303: 125369.

[29] ZHANG L, SONG X Y, LIU X Y, et al. Studies on the removal of tetracycline by multi-walled carbon nanotubes[J]. Chemical Engineering Journal, 2011, 178: 26-33.

[30] KIM J H, BHATTACHARJYA D, YU J S. Synthesis of hollow TiO_2@N-doped carbon with enhanced electrochemical capacitance by an in situ hydrothermal process using hexamethylenetetramine[J]. Journal of Materials Chemistry A, 2014, 2 (29): 11472-11479.

[31] LIANG J Y, WANG C C, LU S Y. Glucose-derived nitrogen-doped hierarchical hollow nest-like carbon nanostructures from a novel template-free method as an outstanding electrode material for supercapacitors[J]. Journal of Materials Chemistry A, 2015, 3 (48): 24453-24462.

[32] XU H L, YIN X W, ZHU M, et al. Carbon hollow microspheres with a designable mesoporous shell for high-performance electromagnetic wave absorption[J]. ACS Applied Materials & Interfaces,2017,9（7）: 6332-6341.

[33] YANG L J, ZHANG Y Y, LIU X Y, et al. The investigation of synergistic and competitive interaction between dye Congo red and methyl blue on magnetic $MnFe_2O_4$[J]. Chemical Engineering Journal,2014,246: 88-96.

[34] LIU X Y, LIU M Y, ZHANG L. Co-adsorption and sequential adsorption of the co-existence four heavy metal ions and three fluoroquinolones on the functionalized ferromagnetic 3D $NiFe_2O_4$ porous hollow microsphere[J]. Journal of Colloid and Interface Science,2018,511: 135-144.

[35] CHATZIMITAKOS T, SAMANIDOU V, STALIKAS C D. Graphene-functionalized melamine sponges for microextraction of sulfonamides from food and environmental samples[J]. Journal of Chromatography A,2017,1522: 1-8.

[36] WANG J J, ZHANG W H, WEI J. Fabrication of poly（β-cyclodextrin）-conjugated magnetic graphene oxide by surface-initiated RAFT polymerization for synergetic adsorption of heavy metal ions and organic pollutants[J]. Journal of Materials Chemistry A,2019,7（5）: 2055-2065.

[37] ZHANG Y, HUANG Z Y, WANG L T, et al. Point-of-care determination of acetaminophen levels with multi-hydrogen bond manipulated single-molecule recognition（eMuHSiR）[J]. Analytical Chemistry,2018,90（7）: 4733-4740.

[38] PAN S D, ZHOU L X, ZHAO Y G, et al. Amine-functional magnetic polymer modified graphene oxide as magnetic solid-phase extraction materials combined with liquid chromatography-tandem mass spectrometry for chlorophenols analysis in environmental water[J]. Journal of Chromatography A,2014, 1362: 34-42.

[39] TONG Y, LIU X Y, ZHANG L. One-pot fabrication of magnetic porous Fe_3C/MnO/graphitic carbon microspheres for dispersive solid-phase extraction of herbicides prior to their quantification by HPLC[J]. Microchimica Acta, 2019, 186 (4): 256.

第3章　磁性固相富集材料的合成及其在痕量有机污染物萃取分离中的应用

3.1　磁性碳纳米管分散固相微萃取液体饮料中的生物胺

3.1.1　引言

生物胺（BAs）是一类属于脂肪族或杂环类含氮低分子的碱性化合物，并具有特定的活性[1-5]。在动植物及微生物体内均有BAs的存在，它一般作为一种内源物质参与机体内核酸和蛋白质的合成[6-7]。尽管BAs对于人的肌体的正常运转起到至关重要的作用，但如果摄入过量，会发生中毒反应，如头痛、头晕、高血压和心悸等，严重时甚至危及生命。据报道，组胺、色胺、苯乙胺在人体内过量，会引起血压升高、刺激人体神经系统和增加心率等危害，所以对于生物胺痕量检测的研究势在必行[8-11]。

固相萃取（SPE）和液相萃取（LLPE）已经被用作前处理技术来检测食品中的生物胺[12]。在萃取过程中，SPE和LLPE都有比较明显的缺点，如需要较大的溶剂量、耗时较长和萃取剂回收困难等[12-13]。所以，磁性固相萃取越来越受到科研工作者的广泛关注。磁固相萃取有一系列优点，主要包括：分离快速、实验操作方便、多个步骤可以同时进行等，该方法逐步成为各种萃取方法中的佼佼者[14-16]。

本章中，磁性碳纳米管被应用于对生物胺类物质的快速分析。通过高强磁铁将完成萃取后的固液相样品快速分离，并对萃取过程中的各种萃取条件以及洗脱条件进行一系列优化，所得到的洗脱溶液结合 HPLC 进行定量检测。在最优条件下，本方法对实际样品中的 BAs 进行定量分析，3 种生物胺类物质（BAs）化学结构示意图如图 3.1 所示。

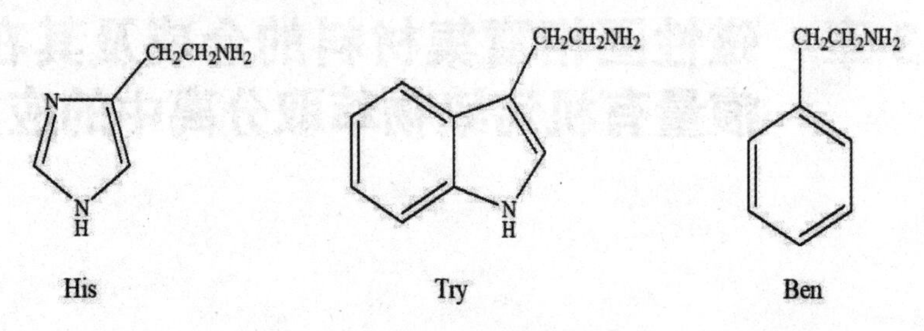

图 3.1 三种 BAs 的化学结构

3.1.2 实验部分

3.1.2.1 仪器与试剂

（1）实验仪器如表 3.1 所示。

表 3.1 实验仪器

仪器名称	厂家及仪器型号
电子分析天平	瑞士梅特勒托利多
全温空气振荡器	哈尔滨市东联电子技术公司
强磁磁铁 50mm×50mm×20mm	北京盈科宏业科技有限责任公司
HJ-6 多头磁力加热搅拌器	上海司乐仪器有限公司
SZ-96 自动纯水器	上海亚荣生化仪器厂
4000r/min 低速离心机	湖南湘仪实验室仪器有限公司 TDZ4-WS

（2）材料制备所需：多壁碳纳米管，氢氧化钠、三氯化铁、浓硫酸、过氧化氢、硝酸锌、氧化钠、溴化钾。

（3）三种 BAs（组胺、色胺、苯乙胺）和丹磺酰氯购于上海阿拉丁生化科技有限公司。三种生物胺的储备液是通过将三种 BAs 溶解在甲醇中得到的，在 4℃遮光保存。实验工作溶液通过每天用二次蒸馏水稀释储备液获得，保证实验溶液不被污染。

3.1.2.2　样品制备

饮料样品(白酒、啤酒和果汁饮料)购自当地超市(中国沈阳)。向 10.00mL 饮料样品中不加(空白样品)或加入(标加样品)相应体积的一定浓度的混合标准工作溶液,过 0.45μm 滤膜,将此溶液称为样品溶液并于 4℃保存。

3.1.2.3　磁性碳纳米管制备及表征

(1)材料制备:磁性碳纳米管的制备采用水热的方法。将 1.4g $FeCl_3 \cdot 6H_2O$ 和 400mg CNTs 分散于 70mL 乙二醇溶液中,将混合溶液置于 100mL 烧杯中,加入 3.6g 乙酸钠,超声 10min,将混合溶液置于反应釜中,200℃加热 10h。得到的 M 磁性碳纳米管用去离子水洗至中性,在烘箱中 60℃下干燥过夜,得到干燥的磁性碳纳米管。

(2)材料表征:(a)扫描电镜:将一定量的磁性碳纳米管超声分散,获得的分散液滴到硅板上。(b)红外:将磁性碳纳米管和溴化钾以 1∶100 的比例混合均匀,用红外灯干燥后,压成均匀薄片,用红外光谱仪测量磁性碳纳米管的表面官能团。

3.1.2.4　磁性分散固相微萃取过程

将 20μL 丹磺酰氯加入 10.0mL 的样品溶液中,在 60℃下水浴衍生 15min,形成衍生样品溶液。再将 15mg 的磁性碳纳米管加入 10.0mL 的样品溶液中,室温下振荡 30 min,进行分散固相微萃取。用高强磁铁进行固液分离,再用乙腈将萃取于磁性碳纳米管的目标物振荡 30min 洗脱下来,洗脱液用高强磁铁对磁性碳纳米管进行快速分离。用 0.45μm 尼龙滤膜(14mm,内径)过滤,得到的溶液作为分析溶液进入 HPLC 定量分析。

3.1.2.5 高效液相色谱条件

Agilent XDB-C18 反相柱（150mm × 4.6mm 内径，5mm），柱温 35℃，进样 20.0μL，流动相流速为 1.0mL/min。检测波长是 254nm。流动相为乙腈（A）和水（B）（体积比为 70：30）。

3.1.3 结果与讨论

3.1.3.1 萃取材料的表征

本实验对萃取材料运用三种表征方式，包括：红外光谱（A）、磁性测试（B）和扫描电子显微镜（C）。

如图 3.2 中，a 代表碳纳米管，b 代表磁性碳纳米管，b 中 $565cm^{-1}$、$1399cm^{-1}$、$1625cm^{-1}$ 是相应的 Fe—O、O═C—O 和 C═C 的伸缩振动峰，证明四氧化三铁与碳纳米管复合材料已经合成。

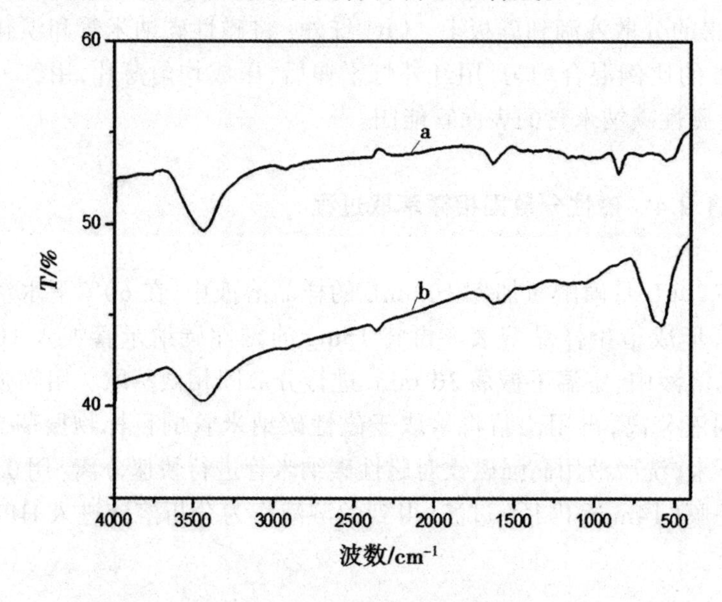

图 3.2 磁性碳纳米管红外光谱

如图 3.3（A），材料的饱和磁化强度是 31.50emu/g，表明其具有磁性。资料显示，当饱和磁强度大于 16.30emu/g 时，材料可以用于磁性分离。所以合成的磁性碳纳米管可以通过磁性分离对实际样品中的三种 BAs 进行萃取。

如图 3.3（B）所示，为磁性碳纳米管扫描电镜，表面覆盖了四氧化三铁纳米粒子，表明四氧化三铁与碳纳米管复合材料已经合成。

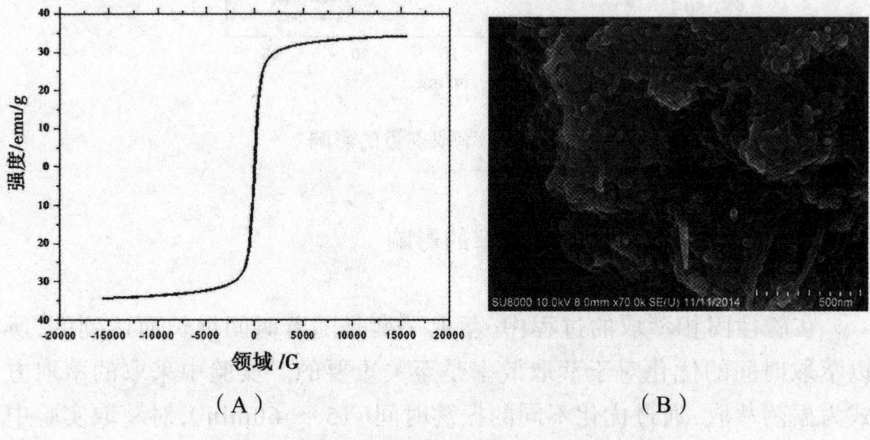

图 3.3 （A）为磁力曲线，（B）为扫描电镜

3.1.3.2　萃取剂体积的影响

将不同量的磁性碳纳米管（5.0 ～ 25.0mg）加入样品溶液中，对三种生物胺类物质进行萃取。如图 3.4 所示，加入 15.0mg 磁性碳纳米管时，萃取率可以达到 90% 以上，随着磁性碳纳米管量的增加，磁性碳纳米管对 BAs 的萃取效率提高并不明显。15.0mg 的磁性碳纳米管就可以将 3 种 BAs 完全从溶液中萃取出来。实验中的磁性材料展现出很好的萃取性能是与其诸多优点密切相关的。因此，实验选择磁性碳纳米管的质量为 15mg。

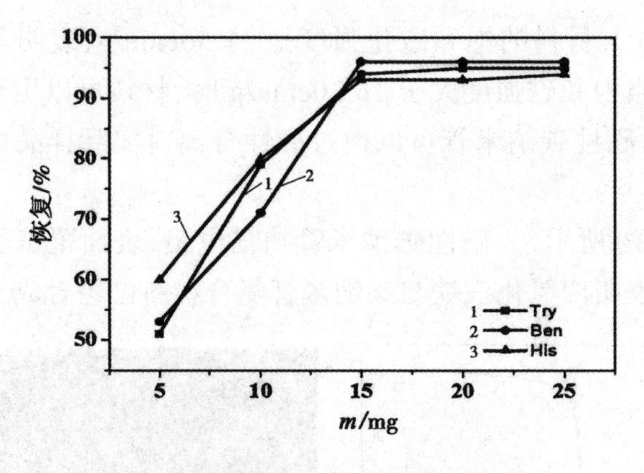

图 3.4　萃取剂量的影响

3.1.3.3　萃取时间对萃取率的影响

在磁性固相萃取的过程中，萃取平衡是随着时间增长而达到的，所以萃取时间的优化对于萃取效率是至关重要的。实验中采取的萃取方式为振荡萃取，通过优化不同的振荡时间（15 ～ 60min），对萃取实验中不同萃取时间的萃取率进行比较。图 3.5 是以 BAs 的萃取效率对振荡时间作图得到的曲线。实验结果表明当振荡时间达到 30min 时，多壁碳纳米管（MWCNTs）对 BAs 的萃取达到萃取平衡。在后续的实验中，振荡时间设为 30min。

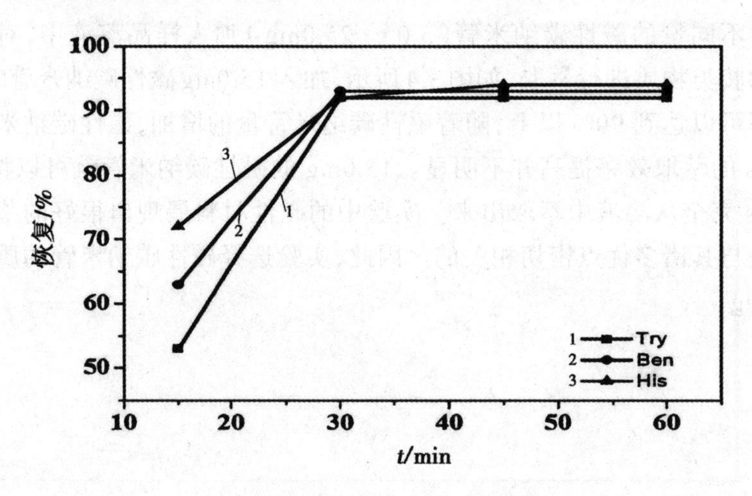

图 3.5　萃取时间对萃取率影响

3.1.3.4　pH 值对萃取率的影响

由于 BAs 在酸性条件下不稳定，所以本实验对 pH 值的考察在 8 ～ 12 进行，结果展示于图 3.6 中。从图中可以看出，在 pH=10 时，MWCNTs 对于 BAs 的萃取率达到 95% 以上。因此，采用 BAs 溶液的 pH 值调至 pH=10 来进行接下来的实验。

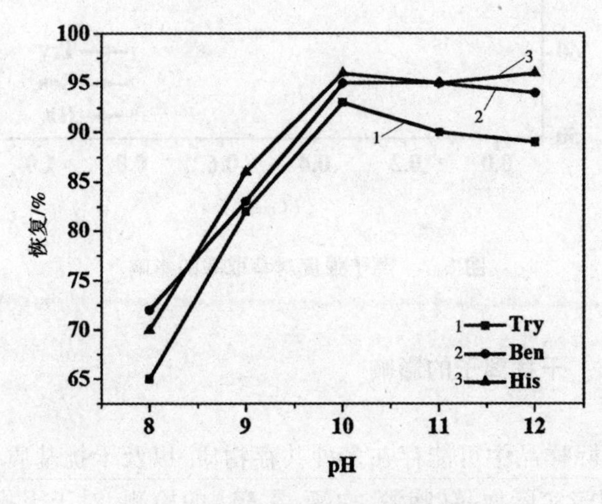

图 3.6　pH 值对萃取率的影响

3.1.3.5　离子强度的影响

为了探究离子强度对 MWCNTs 萃取率的影响，在混合标准液中加入不同浓度的氯化钠来调节溶液的离子强度，使氯化钠的浓度分别为 0、0.02mol/L、0.2mol/L、0.5mol/L 和 1mol/L。实验结果表明，如图 3.7 所示，氯化钠的存在对 BAs 的萃取没有影响，后续实验中不需要加入氯化钠调节溶液的离子强度。

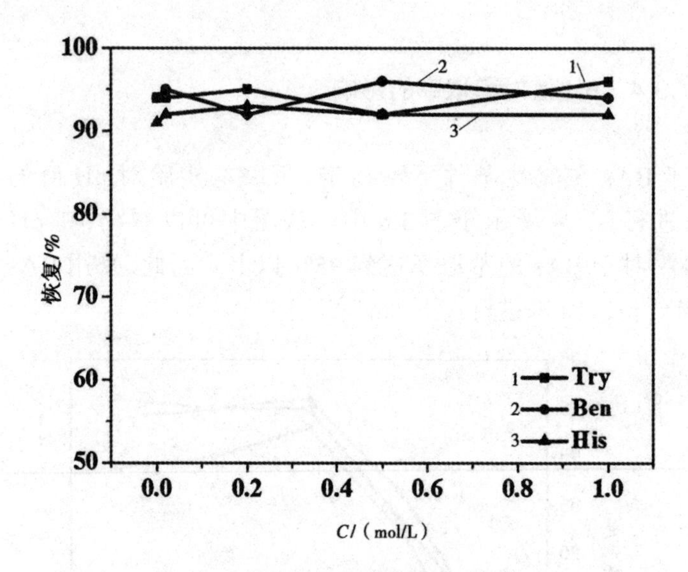

图 3.7 离子强度对萃取率的影响

3.1.3.6 干扰离子的影响

由于实际样品中可能存在多种共存物质，以及干扰基质，为了将本实验方法用于实际样品（啤酒、白酒、雪碧）的检测，对于干扰物质的影响的考察也是必不可少的。实验中通过加入不同干扰物质考察方法的实际应用可能性，干扰物质包括 10.0mmol/L Na^+、Cl^-、SO_4^{2-}、PO_4^{3-}、$C_2O_4^{2-}$ 等无机干扰离子和等。结果如表 3.2 表明，实验中加入干扰物质后，各目标物的萃取效率均变动不大。证明该方法对于实际样品中的 BAs 的检测，具有极好的选择性，能够用于实际应用。

表 3.2 干扰物对测定生物胺的影响

干扰离子	分析物浓度的倍数
Na^+，K^+，SO_4^{2-}，PO_4^{3-}，$C_2O_4^{2-}$	1000
Cl^-，葡萄糖	500

3.1.3.7　洗脱剂的选择

优化洗脱条件对于检测方法能否应用到实际生产中有着重要意义。本实验中洗脱实验是在振荡条件下进行的。洗脱剂考察了甲醇、乙腈、正己烷、丙酮和乙酸乙酯，如图 3.8 所示，通过对五种洗脱剂对目标物的洗脱率的比较，相同的萃取和洗脱条件下，丙酮的洗脱能力最佳。原因可能是丙酮对于此类目标物的溶解能力最好。因此，本实验选用丙酮作为洗脱溶剂。

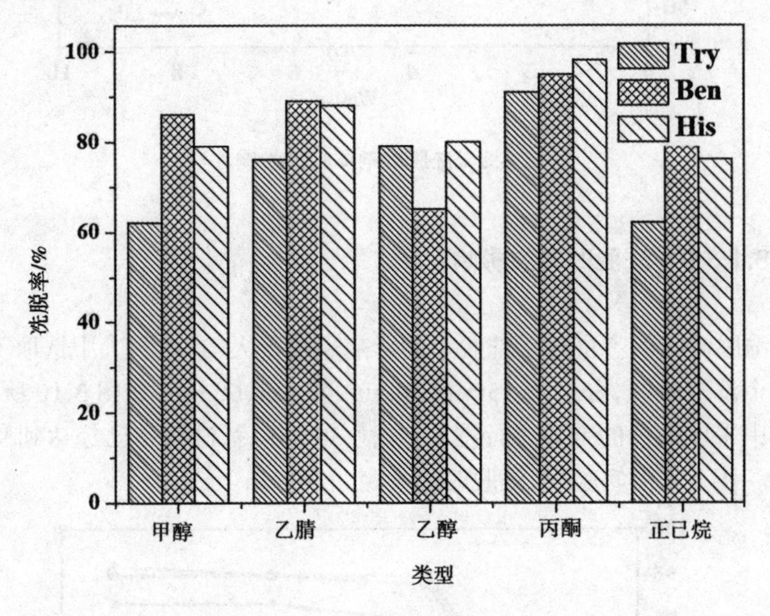

图 3.8　洗脱溶剂的选择

3.1.3.8　洗脱剂体积的选择

洗脱剂的体积对于洗脱率的影响是非常大的，在本实验中选取 5 种不同体积的洗脱液，体积分别为 1mL、3mL、5mL、7mL、9mL，实验结果如图 3.9 所示，使用 5mL 洗脱剂时，洗脱率就接近完全洗脱。在接下来的实验中，丙酮的体积均选取 5mL。

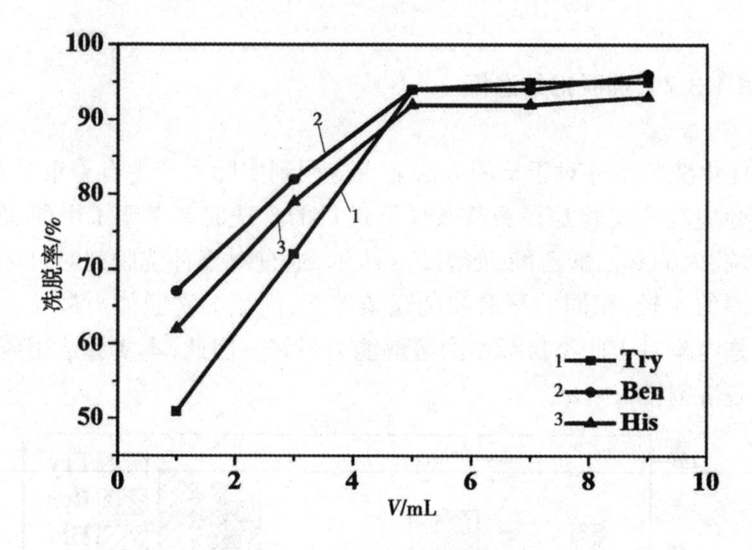

图 3.9　洗脱溶剂体积的影响

3.1.3.9　洗脱时间的影响

洗脱时间的考察对于洗脱率的影响也是很大的,在实验中选取不同的 4 个洗脱时间,分别为 15min、30min、45min、60min,如图 3.10 所示,实验中采取振荡的方式进行洗脱,振荡 30min 后,洗脱率已经达到 95%以上。接下来的实验中,洗脱时间确定为 30min。

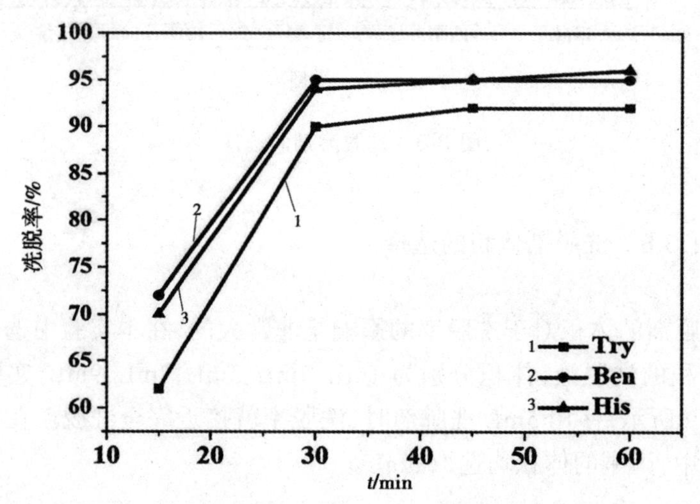

图 3.10　洗脱时间的影响

3.1.3.10　方法评价

（1）方法的线性范围、检出限和定量限

实验的萃取和洗脱条件优化后，对该实验方法的各种参数进行计算。计算线性范围、线性相关系数（r^2）、检出限（LODs）和定量限（LOQs）。计算结果如表 3.3 所示。

表 3.3　实验性能

分析物	线性范围 /（ng/mL）	检出限 LODs/（ng/mL）	定量限 LOQ/（ng/mL）	r^2
Try	10 ～ 2000	5.20	15.00	0.9994
Ben	10 ～ 2000	3.21	15.63	0.9993
His	10 ～ 2000	2.96	8.88	0.9990

（2）实际样品的分析应用

对实际样品进行分析，可以了解萃取方法的可靠性。空白实际样品和加标实际样品的液相色谱图，如图 3.11 所示，Try、Ben、His 的保留时间分别为 2.6min、4.1min、5.3min。

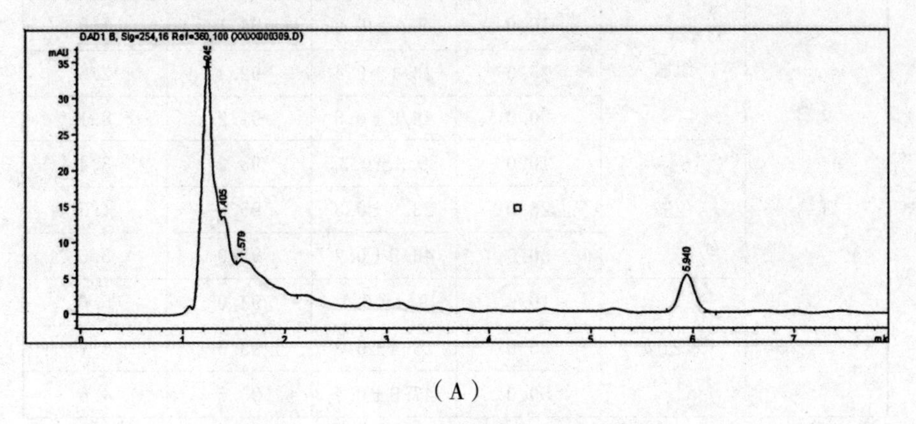

（A）

图 3.11

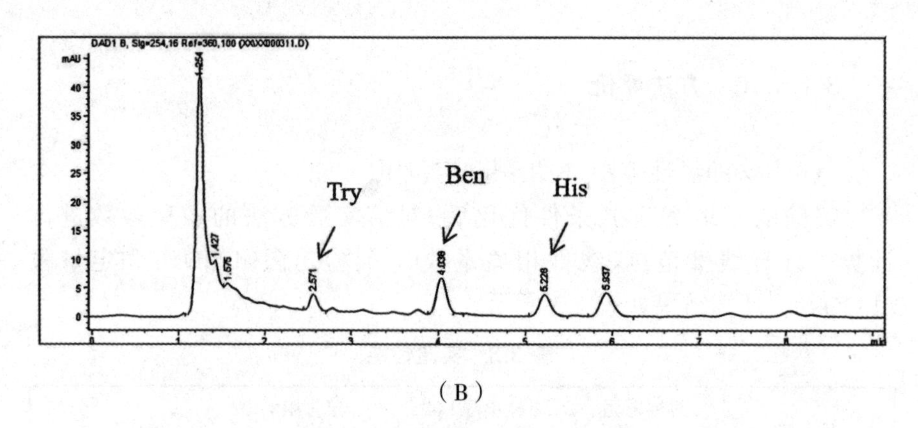

（B）

图 3.11　实际样品图(A)为空白样品,图(B)为浓度为 10.0ng/mL 加标样品

为了评估实验的实用性和精密度,在最佳的实验条件下,将 3 种 BAs 加标到样品中,在实际样品中进行萃取回收,如表 3.4 所示,实验结果显示出较好的回收率和精密度。

表 3.4　实际样品的回收和相对标准偏差

样品	目标物	加标浓度 /（ng/mL）	检出限 /（ng/mL）	回收率 / %	RSD/ %
啤酒	组胺	10.0	9.4±0.2	94.1	5.9
		25.0	23.1±0.4	92.4	2.6
		50.0	48.6±0.5	97.2	8.1
	色胺	10.0	9.3±0.3	93.2	3.4
		25.0	23.9±0.3	95.6	4.3
		50.0	46.5±0.2	93.0	3.6
	苯乙胺	10.0	9.4±0.1	94.0	5.6
		25.0	23.4±0.3	93.6	3.7
		50.0	47.8±0.4	95.6	4.6

续表

样品	目标物	加标浓度 /（ng/mL）	检出限 /（ng/mL）	回收率 / %	RSD/ %
白酒	组胺	10.0	10.0±0.2	100.2	5.9
		50.0	45.6±0.4	91.2	3.6
		100.0	84.7±0.5	84.7	7.3
	色胺	10.0	9.6±0.3	96.1	3.4
		50.0	49.7±0.3	99.4	5.6
		100.0	87.6±0.2	87.6	3.6
	苯乙胺	10.0	9.9±0.1	99.6	5.6
		50.0	44.4±0.3	88.9	3.7
		100.0	92.4±0.4	92.4	3.5
橙汁	组胺	10.0	9.8±0.2	98.1	5.9
		50.0	45.6±0.4	91.2	3.6
		100.0	88.4±0.5	88.4	7.9
	色胺	10.0	10.2±0.3	102.1	3.4
		50.0	47.7±0.3	95.4	4.6
		100.0	87.6±0.2	87.6	3.6
	苯乙胺	10.0	9.5±0.1	95.3	6.1
		50.0	44.4±0.3	88.9	2.9
		100.0	97.4±0.4	97.4	3.5

3.1.4　结论

在本章中，成功合成和表征了磁性碳纳米管并将其作为磁性固相萃取剂，结合高效液相色谱法实现了对3种BAs的同时检测。详细研究并优化了实验影响因素，确定最优实验条件为：15mg磁性碳纳米管在pH为10的条件下振荡萃取30min，再用乙腈将萃取的磁性碳纳米管的目标物洗脱下来。当磁性碳纳米管作为萃取剂时，减少了萃取剂量，缩短了萃取时间，具有简单、快速、环境友好等优点，适用于不同萃取基质中的生物胺分析。

参考文献

[1] WANG F, ZHANG T T, ZHANG Z Z, et al. Simultaneous separation of noble metals osmium and iridium in simulated leaching of spent catalysts using nano-alumina microcolumn[J]. Separation and Purification Technology, 2015, 152: 108-114.

[2] OMAR M M, ELBASHIR A A, SCHMITZ O J. Determination of acrylamide in Sudanese food by high performance liquid chromatography coupled with LTQ Orbitrap mass spectrometry[J]. Food Chemistry, 2015, 176: 342-349.

[3] ZHU X B, CUI Y M, CHANG X J, et al. Selective solid-phase extraction and analysis of trace-level Cr（Ⅲ), Fe（Ⅲ), Pb（Ⅱ), and Mn（Ⅱ）Ions in wastewater using diethylenetriamine-functionalized carbon nanotubes dispersed in graphene oxide colloids[J]. Talanta, 2016, 146: 358-363.

[4] LIU Q, SHI J B, ZENG L X, et al. Evaluation of graphene as an advantageous adsorbent for solid-phase extraction with chlorophenols as model analytes[J]. Journal of Chromatography A, 2011, 1218（2）: 197-204.

[5] NAING N N, LI S F Y, LEE H K. Graphene oxide-based dispersive solid-phase extraction combined with in situ derivatization and gas chromatography–mass spectrometry for the determination of acidic pharmaceuticals in water[J]. Journal of Chromatography A, 2015, 1426: 69-76.

[6] TAGHVIMI A, HAMISHEHKAR H, EBRAHIMI M. Magnetic nano graphene oxide as solid phase extraction adsorbent coupled with liquid chromatography to determine pseudoephedrine in urine samples[J]. J Chromatogr B Analyt Technol Biomed Life Sci, 2016, 1009/1010: 66-72.

[7] CHEN W F, LI S R, CHEN C H, et al. Self-assembly and embedding of nanoparticles by in situ reduced graphene for preparation of a 3D graphene/nanoparticle aerogel[J]. Advanced

Materials, 2011, 23（47）: 5679-5683.
[8] FANG Q L, SHEN Y, CHEN B L. Synthesis, decoration and properties of three-dimensional graphene-based macrostructures: A review[J]. Chemical Engineering Journal, 2015, 264: 753-771.
[9] LI J L, XIE J L, GAO L X, et al. Au nanoparticles-3D graphene hydrogel nanocomposite to boost synergistically in situ detection sensitivity toward cell-released nitric oxide[J]. ACS Applied Materials & Interfaces, 2015, 7（4）: 2726-2734.
[10] GUAN Z, HUANG Y M, WANG W D. Carboxyl modified multi-walled carbon nanotubes as solid-phase extraction adsorbents combined with high-performance liquid chromatography for analysis of linear alkylbenzene sulfonates[J]. Analytica Chimica Acta, 2008, 627（2）: 225-231.
[11] TEIXEIRA TARLEY C R, BARBOSA A F, GAVA SEGATELLI M, et al. Highly improved sensitivity of TS-FF-AAS for Cd（ii）determination at ng · L^{-1} levels using a simple flow injection minicolumn preconcentration system with multiwall carbon nanotubes[J]. J Anal At Spectrom, 2006, 21（11）: 1305-1313.
[12] Pena-Gallego A., P. Hernández-Orte, J. Cacho, V. Ferreira, Carbon nanostructures as sorbent materials in analytical processes.[J].Chromatogr. A, 2009, 1216 :3398.
[13] Rezaee M., Y. Assadi, M.R.M. Hosseini, et al. Berijani, Graphene-based ultracapacitors for aeronautics applications.[J]. Chromatogr. A, 2006: 1116 .
[14] WANG L, ZHANG J, YANG S, et al. Sulfonated hollow sphere carbon as an efficient catalyst for acetalisation of glycerol[J]. Journal of Materials Chemistry A, 2013, 1（33）: 9422-9426.
[15] MAHPISHANIAN S, SERESHTI H. Three-dimensional graphene aerogel-supported iron oxide nanoparticles as an efficient adsorbent for magnetic solid phase extraction of organophosphorus pesticide residues in fruit juices followed by gas chromatographic determination[J]. Journal of Chromatography A, 2016, 1443: 43-53.
[16] WANG H, MA L J, CAO K C, et al. Selective solid-phase

extraction of uranium by salicylideneimine-functionalized hydrothermal carbon[J]. Journal of Hazardous Materials,2012, 229/230:321-330.

3.2 磁性离子液体分散液—液微萃取九种双酚类物质

3.2.1 引言

双酚 S（BPS）、双酚 F（BPF）、硫代二苯酚（TDP）、双酚 A（BPA）、双酚 AF（BPAF）、双酚 AP（BPAP）、双酚 C（BPC）、四氯双酚 A（TCBPA）和四溴双酚 A（TBBPA）这 9 种双酚类物质都属于有机污染物。这 9 种物质被应用在涂层技术中，例如，水杯内壁、塑料包装、矿泉水瓶等 [1-13]，以上材料在高温高压和不稳定的条件下会对双酚类物质造成影响，BPs 会通过水源、大气等途径流动，对人体和动植物产生巨大影响 [4-7]。BPs 的含量过高会引起人体的内分泌系统的紊乱，干扰胰腺功能、神经系统等 [7,8]。

近些年，检测这 9 种双酚类物质的方法发展迅速，例如，电化学检测、凝胶色谱法、分散液—液萃取和固相萃取等方法 [10-13]，而分散液—液萃取是一种对双酚 S（BPs），双酚 F（BPF）等双酚类物质的有效的检测手段，该方法简单、快速。

本实验中，选用磁性离子液体作为液相萃取剂，对双酚类物质萃取效果很好，这和其有很强的疏水作用密切相关。除此之外，磁性离子液体可以和双酚类物质形成 H 键作用力。所以，该磁性离子液体对含苯环的物质具有良好的萃取效率，9 种双酚类物质（BPs）被选作目标物质（其化学结构如图 3.12 所示），发展了一种基于磁性离子液体的磁性液相微萃取方法，用于富集环境水样中的 BPs。本方法可以拓展到对其他化合物的分析中。

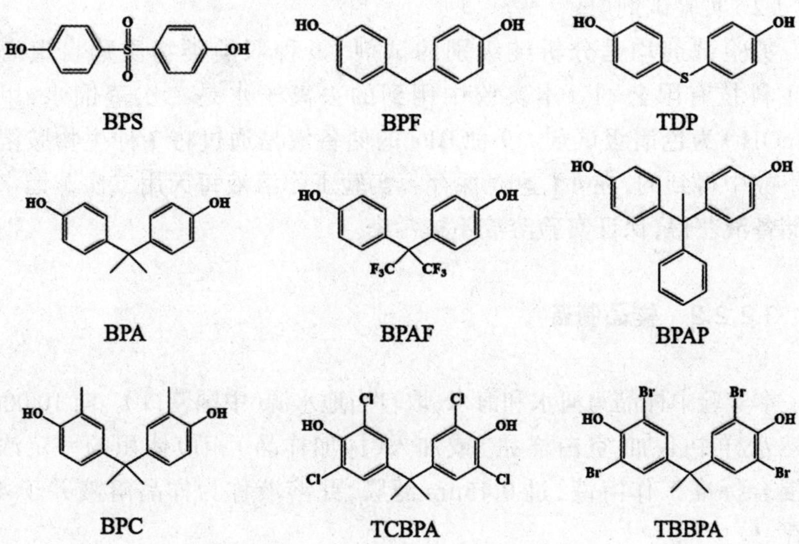

图 3.12　9 种 BPs 的化学结构

3.2.2　实验部分

3.2.2.1　仪器与试剂

（1）实验仪器

实验仪器如表 3.5 所示。

表 3.5　实验仪器

仪器名称	厂家及仪器型号
LC-16 型号高效液相色谱仪	日本岛津有限公司
Avatar330 傅里叶变换红外光谱仪	上海市精密仪器有限公司
强磁磁铁 100cm×50cm×20mm	北京盈科宏业科技有限责任公司
低速涡旋仪	北京优晟联合科技有限公司

（2）实验试剂

实验试剂均是分析纯级别的试剂。9种双酚类物质购自上海阿拉丁科技有限公司。本实验中用到的去离子水是二次蒸馏水，甲醇（MeOH）为色谱级试剂。9种BPs的储备液是通过将3种生物胺溶解在甲醇中得到的，在4℃遮光保存。实验工作溶液每天用二次蒸馏水稀释储备液获得，保证实验溶液不被污染。

3.2.2.2 样品制备

本实验中样品为河水和海水，取自当地水源（中国营口）。向10.00mL自然水样中不加（空白样品）或加入（标加样品）相应体积的一定浓度的混合标准工作溶液，过0.45μm滤膜，此溶液称为样品溶液并于4℃保存。

3.2.2.3 $[P_{6,6,6,14}][FeCl_4]$/MIL 材料制备及表征

（1）材料制备

取等摩尔量十四烷基三己基氯化磷与 $FeCl_3 \cdot 6H_2O$ 在无水甲醇中4000r/min搅拌24h。利用旋转蒸发仪将多余甲醇旋干，得到黏性的棕色液体用去离子水冲洗，小心地将上方水相移除，并将得到的物质真空干燥12h。

反应式如下：

$$C_6H_{13}-\overset{C_6H_{13}\ Cl^-}{\underset{C_{14}H_{29}}{P^{\pm}}}-C_6H_{13} + FeCl_3 \cdot 6H_2O \xrightarrow[r.t.,24h]{MeOH} C_6H_{13}-\overset{C_6H_{13}\ FeCl_4^-}{\underset{C_{14}H_{29}}{P^{\pm}}}-C_6H_{13}$$

$[3C_6PC_{14}][Cl]$　　　　$[3C_6PC_{14}][FeCl_4]$

（2）材料表征

（a）磁性测试：磁性离子液体不便进行磁力测试，用实际照片可直接观察，可以通过高强磁铁进行快速分离。

（b）红外光谱：将纯溴化钾研磨，压片，烘干，再用红外灯干燥后，测量磁性离子液体的表面官能团。

3.2.2.4　磁性分散液相微萃取过程

将 50.0μL 的磁性离子液体加入 10.0mL 的样品溶液中，室温下涡旋 5min 进行萃取。然后所有溶液用 0.45μm 尼龙滤膜（14mm 内径）过滤。接着，用高强磁铁进行液液分离。加入甲醇将离子液体相溶解，得到的溶液作为分析溶液送入 HPLC 进行分析。

3.2.2.5　高效液相色谱条件

Agilent XDB-C18 反相色谱柱（150mm × 4.6mm 内径，5mm），柱温：35 ℃，进样体积：20.0μL，流动相流速：1.0mL/min。检测波长：276nm。流动相：甲醇（A）和水（B），梯度洗脱程序为：40% ～ 70% A（10min），70% ～ 100% A（10min），100% ～ 40% A（5min）。

3.2.3　结果与讨论

对本章实验中合成的材料，采用磁性测试和红外光谱对其进行表征。

如图 3.13 所示，合成的磁性材料与未磁化的材料阳离子部分是基本相同的，表明离子液体和三氯化铁磁化时，阳离子并没有参与配位反应，只有阴离子和三氯化铁发生络合反应，成功合成了该磁性离子液体。

图 3.14 为材料的磁性测试，结果表明，本章实验合成的离子液体具有很强的磁性，在高强磁铁的作用下，可以很快与基质进行分离，可以用于磁性分离。

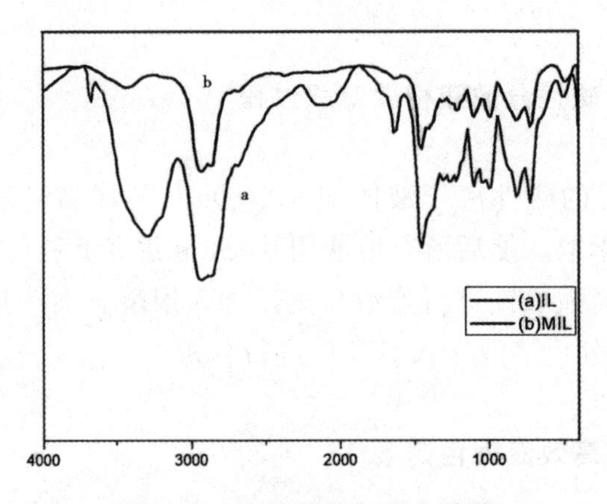

图 3.13 离子液体红外光谱图

图 3.14 离子液体磁性图

3.2.4 实验条件优化

3.2.4.1 萃取剂量的影响

将不同体积的磁性离子液体（10.0 ～ 60.0μL）加入溶液中来对BPs进行萃取。如图3.15所示，当加入50.0μL磁性离子液体时，萃取效率均可达90%以上，随着离子液体体积的增大，萃取效率趋于平衡，基本没有增高。所以，在后续的实验过程中，将萃取剂的体积确定为50.0μL。50.0μL的磁性离子液体就足以将目标物质完全萃取，这是由于萃取剂与目标物质之间存在很强的相互作用，从而使得对BPs的萃取效果很好。

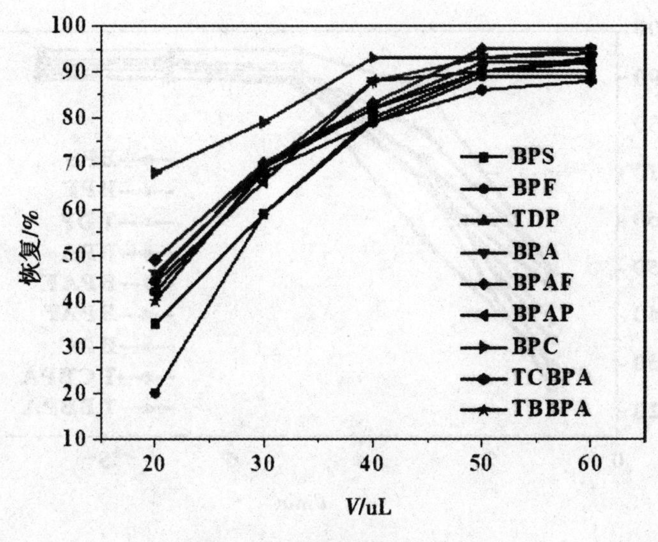

图 3.15 萃取剂量的影响

3.2.4.2 萃取时间对萃取率的影响

在液—液萃取的过程中,萃取时间是影响萃取效率的一个重要因素,因为达到萃取平衡需要一个动态的过程。本实验中的萃取方式是涡旋萃取,考察不同的萃取时间(1min,3min,5min,7min,9min)对萃取效率的影响。结果如图 3.16 所示,当涡旋时间达到 5min 时,实验中的萃取就已经完成。所以,后续实验中,涡旋萃取的时间确定为 5min,展现出了本实验萃取的高效性,这可能是由于磁性离子液体具有更好的分散性。

3.2.4.3 pH 值对萃取率的影响

本实验中对溶液 pH 的考察区间为 2.0 ～ 12.0。如图 3.17 所示,当 pH 为 4.0 ～ 8.0 时,磁性离子液体对于目标分析物的萃取效率可以达到 90 % 以上,而样品溶液的初始 pH 值大约在 5.0 左右,所以,在后续的实验过程中,不需要对样品溶液的 pH 值进行改变。

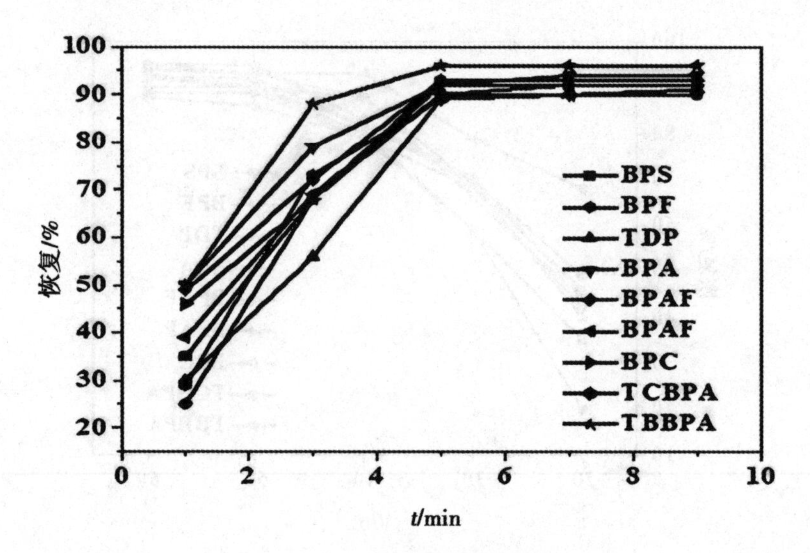

图 3.16　萃取时间的影响

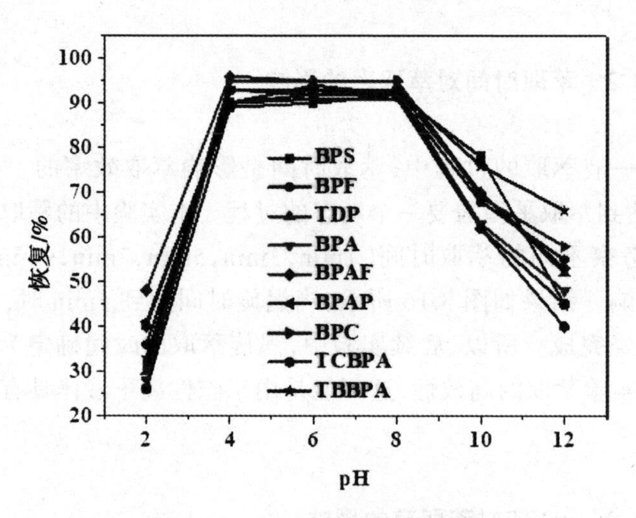

图 3.17　pH 值对萃取率的影响

3.2.4.4　离子强度的影响

在实验中，离子强度对于萃取效率的影响是可能存在的，所以本实验中分别考察加入不同浓度的氯化钠（0mol/L，0.05mol/L，0.1mol/L，0.2mol/L，0.5mol/L，1.0mol/L）进行萃取实验，考察离子强度对萃取效率的影响。实验结果表明，NaCl 的加入对分析物的萃取效率没有明显变化。结果如图3.18所示。因此，在本实验中，不需要调节溶液的离子强度。

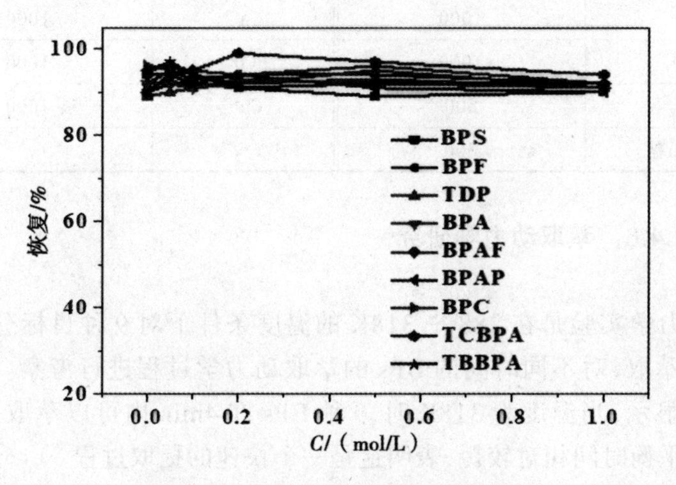

图 3.18 离子强度对萃取率的影响

3.2.4.5 干扰实验

干扰实验可以预测实验方法在实际应用中的抗干扰能力。为使本实验中的萃取方法可以对实际样品中目标分析物定量分析，干扰物质的考察势在必行。本实验中选取的实际样品为自然水样，在其中一定存在大量的离子和有机物质，在优化后的条件下，考察以下干扰物质对萃取效率的影响：Fe^{3+}、Zn^{2+}、Cl^-、SO_4^{2-}、PO_4^{3-}、Na^+、K^+、Ca^{2+}、NO_3^-、Cu^{2+}、HCO_3^-、CO_3^{2-}、葡萄糖。分别加入1000倍的Zn^{2+}、Fe^{3+}、Cl^-、SO_4^{2-}、Na^+、K^+、Ca^{2+}、NO_3^-、Cu^{2+}、HCO_3^-，500倍的CO_3^{2-}、葡萄糖以及30倍的PO_4^{3-}，对目标物的回收率基本没有影响（RSD小于5%）。实验结果如表3.6所示，表明本方法的抗干扰能力比较强，可用于实际样品的微量检测。

表 3.6 干扰离子影响

加入物质	分析物浓度的倍数	加入物质	分析物浓度的倍数
Cl^-	1000	Fe^{3+}	1000
Zn^{2+}	1000	SO_4^{2-}	1000
PO_4^{3-}	30	Na^+	1000

续表

加入物质	分析物浓度的倍数	加入物质	分析物浓度的倍数
K^{+}	1000	Ca^{2+}	1000
NO_3^{-}	1000	HCO_3^{-}	1000
CO_3^{2-}	500	Cu^{2+}	1000
葡萄糖	500	—	—

3.2.4.6 萃取动力学研究

动力学实验是在 288 ～ 318K 的温度条件下对 9 种目标分析物分别进行萃取，对不同时间的 BPs 的萃取动力学过程进行考察。根据实验结果显示，当温度为 318K 时，9 种 BPs 在 4min 内可以萃取平衡，达到萃取平衡时间相对较短，表明这是一个快速的提取过程。

9 种 BPs 的萃取动力学采用如下伪一级反应动力学方程进行拟合对实验数据进行检查：$\ln C_t/C_0=-kt$（C_0 表示目标分析物萃取前的浓度，C_t 表示目标分析物 t 时间的浓度；k 为一阶萃取速率常数，通过以 t 为横坐标，$\ln C_t/C_0$ 为纵坐标作图得出的斜率）。拟合结果，如图 3.19 所示。

以实验测得数据进行动力学拟合，9 种 BPs 的萃取过程复合拟一阶动力学模型。根据阿伦尼乌兹公式 $\ln k=-E_a/RT+B$ 能够计算出该萃取过程的活化能 E_a（以 1/ RT 为横坐标，ln$k$ 为纵坐标作图得出的斜率）。经过计算，可得出 9 种 BPs 的活化能均小于 20kJ/mol，所以萃取过程为扩散控制过程。

3.2.4.7 方法评价

（1）方法的线性范围、检出限和定量限

在最佳的实验条件下，对线性范围、检出限、定量限进行准确计算，所有的实验结果均重复 5 次以上。结果如表 3.7 所示，9 种 BPs 在 2 ～ 500ng/mL 内具有良好的线性，相关系数 r^2 在 0.995 ～ 0.999。LODs 在 0.34 ～ 1.32ng/mL，LOQs 在 1.12 ～ 4.35ng/mL，均在 ng/mL 级，说明本实验方法有很低的检出限，适合痕量组分分析。此外，本实验的精密度在 1.6% ～ 5.9%（n=5），证明本检测方法重现性较好，可以用于实际检测。

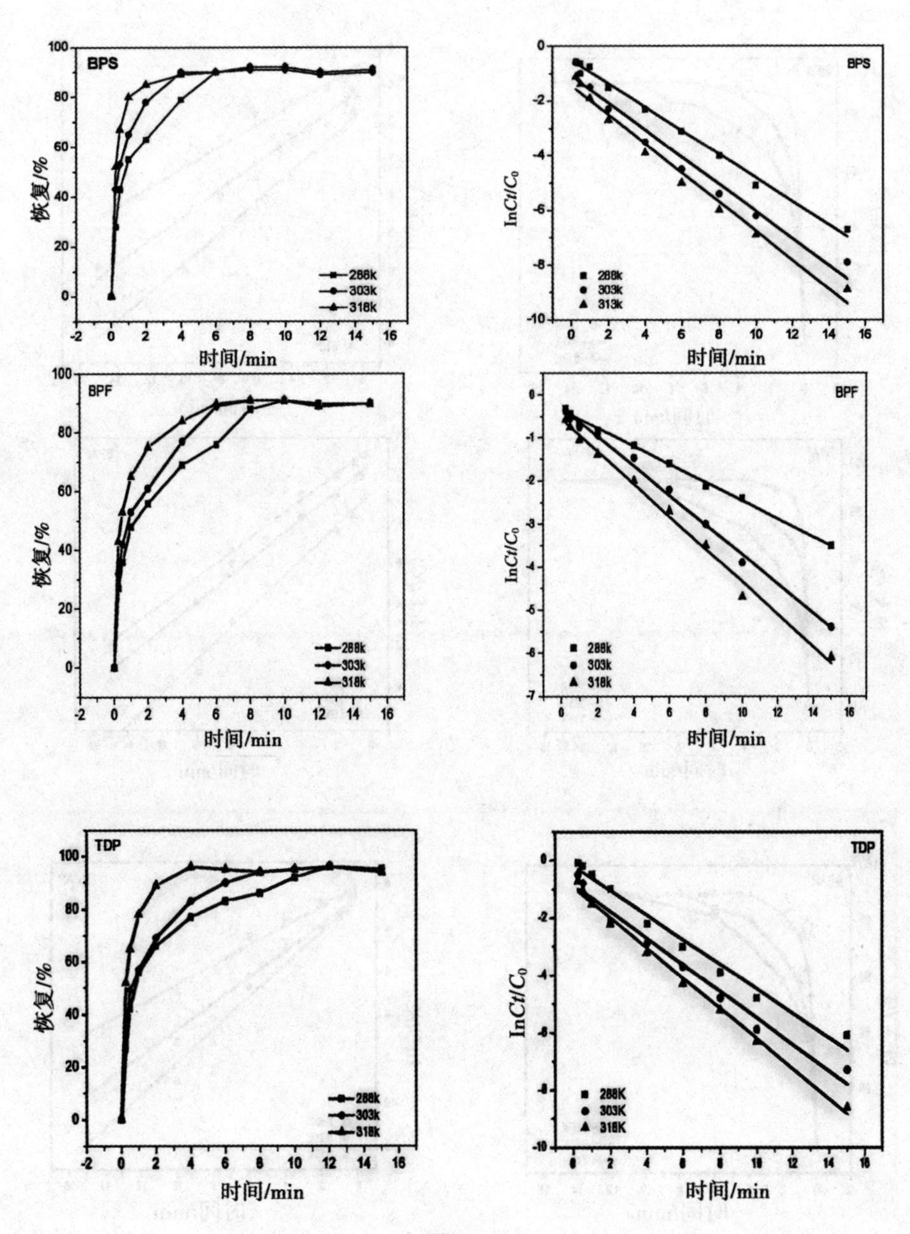
BPS
恢复/%
时间/min
288k
303k
318k
BPS
lnCt/C0
313k
BPF
TDP
288K
303K
318K

图 3.19

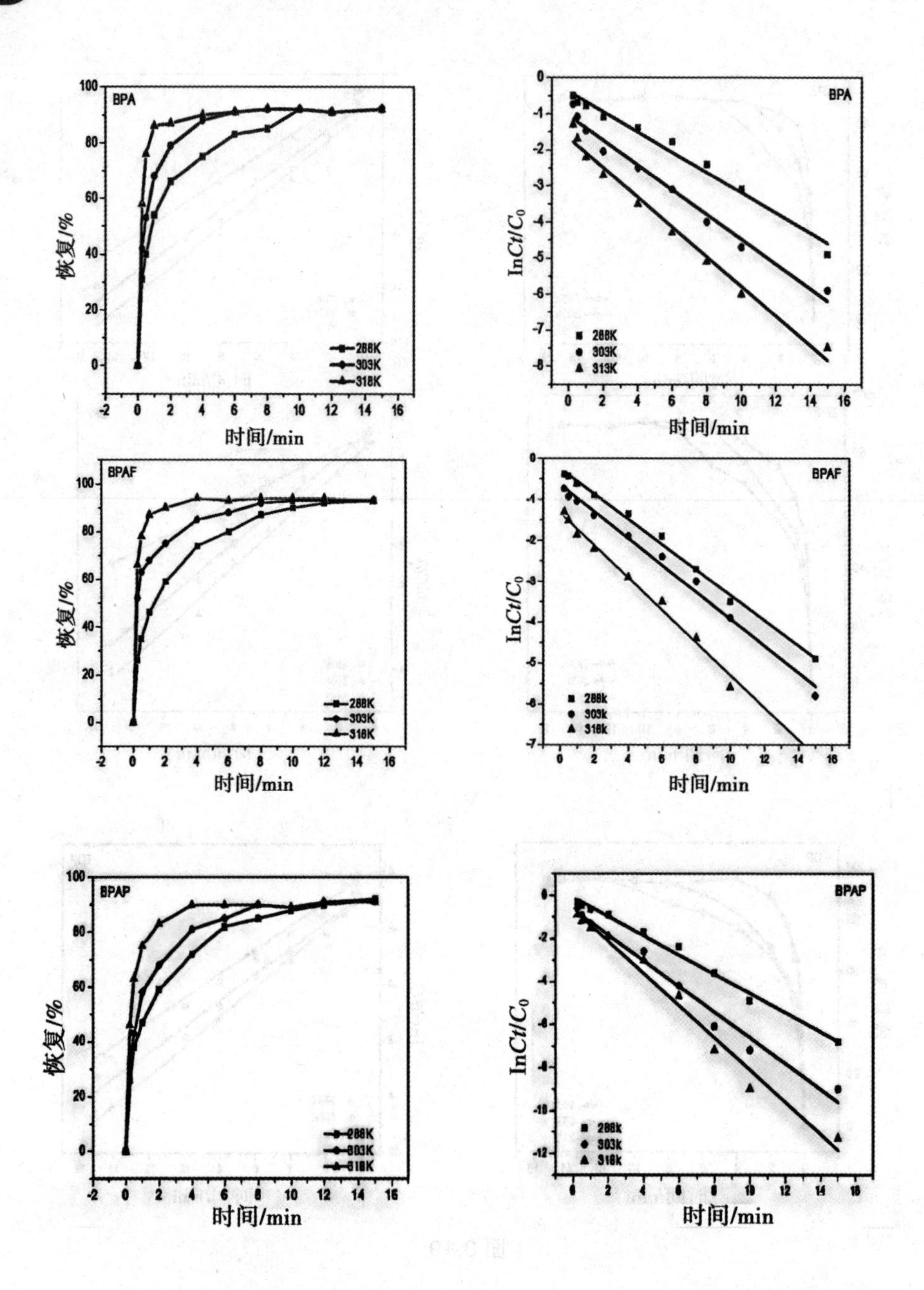
BPA
恢复/%
时间/min
288K
303K
318K
BPA
lnCt/C0
288K
303K
313K
BPAF
288K
303K
318K
BPAF
288k
303k
318k
BPAP
288K
303K
318K
BPAP
288k
303k
318k

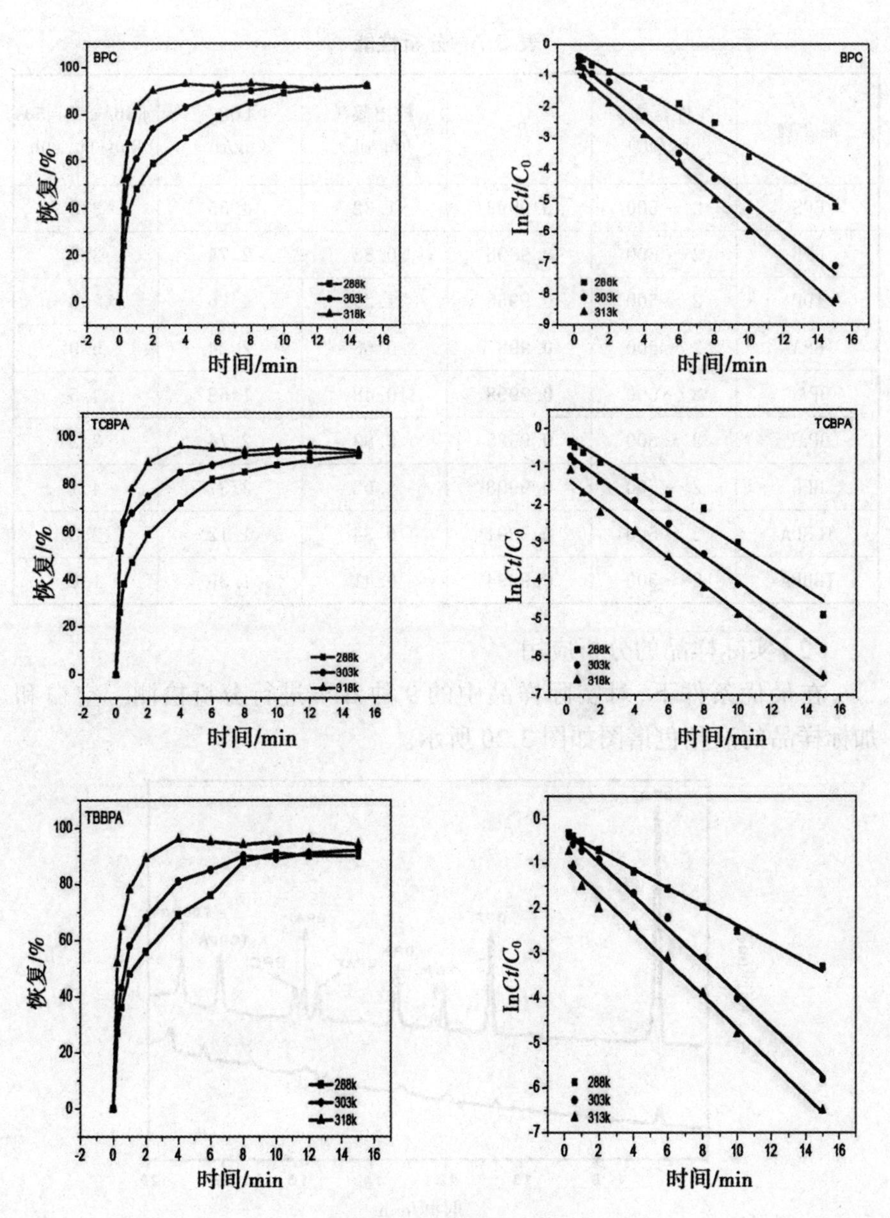

图 3.19　萃取动力学

表 3.7　分析性能

混合物	线性范围 /（ng/mL）	R^2	检出限 /（ng/mL）	LOQ/（ng/mL）	RSD/%（n=5）Run to run
BPS	2 ～ 500	0.9993	1.32	4.35	3.5
BPF	2 ～ 500	0.9996	0.83	2.74	3.9
TDP	2 ～ 500	0.9958	1.29	4.26	2.8
BPA	2 ～ 500	0.9987	0.68	2.24	5.9
BPAF	2 ～ 500	0.9998	0.48	1.58	4.5
BPAP	2 ～ 500	0.9985	0.83	2.74	3.2
BPC	2 ～ 500	0.9998	1.02	3.37	4.1
TCBPA	2 ～ 500	0.9991	0.34	1.12	2.8
TBBPA	2 ～ 500	0.9994	0.41	1.35	1.6

（2）实际样品的分析应用

在最优条件下，对实际样品中的 9 种 BPs 进行分析检测。空白和加标样品的液相色谱图如图 3.20 所示。

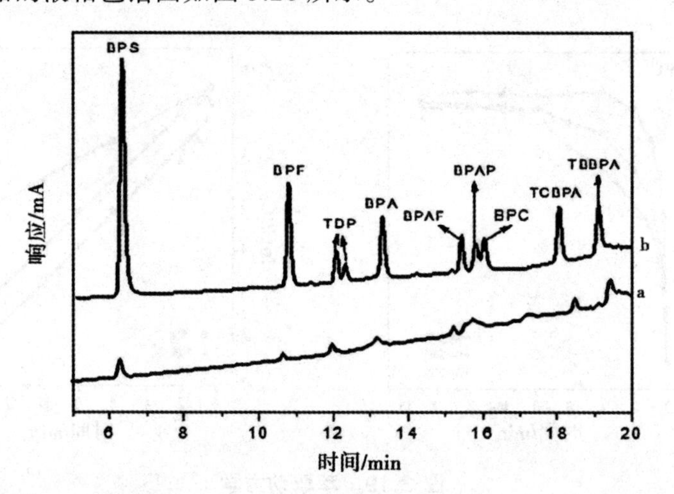

图 3.20　实验液相图（a 为空白样品，b 为 10.0ng/mL 加标样品）

从表 3.8 可以看出，本方法实际样品的加标回收率在 79.6% ～ 104.2% 之间，相对标准偏差小于 6.6%。所得实验结果证明，该方法对自然水样当中的 BPs 萃取效果良好，并具有很好的精密度。

表 3.8　实际样品的回收和相对标准偏差

目标物	河水			模拟海水		
	加标浓度 /（ng/mL）	检出限 /（ng/mL）	回收率 /%	加标浓度 /（ng/mL）	检出限 /（ng/mL）	回收率 /%
BPS	10.0	9.9±0.2	99.1	10.0	9.5±0.7	95.1
	50.0	46.9±0.3	93.8	50.0	49.3±0.3	98.6
	100.0	104.2±0.2	104.2	100.0	94.7±1.0	94.7
BPF	10.0	9.7±0.1	97.2	10.0	10.3±0.6	103.4
	50.0	49.4±0.3	98.8	50.0	49.1±0.2	98.2
	100.0	89.6±0.2	89.6	100.0	91.4±0.8	91.4
TDP	10.0	9.3±0.1	93.8	10.0	9.2±0.3	92.1
	50.0	49.5±0.3	99.0	50.0	49.9±1.2	99.8
	100.0	96.1±0.5	96.1	100.0	101.4±1.4	101.4
BPA	10.0	10.0±0.6	99.8	10.0	10.0±0.5	99.8
	50.0	44.3±0.4	88.6	50.0	46.8±0.9	93.6
	100.0	95.5±0.2	95.5	100.0	95.9±0.4	95.9
BPAF	10.0	9.1±0.2	91.4	10.0	9.6±0.4	95.7
	50.0	49.6±0.3	99.2	50.0	48.3±1.2	96.6
	100.0	86.7±0.5	86.7	100.0	89.9±1.9	89.9
BPAP	10.0	10.3±0.4	103.3	10.0	9.5±0.4	95.3
	50.0	48.5±0.2	97.2	50.0	48.9±0.7	97.8
	100.0	81.7±0.3	81.7	100.0	85.2±1.1	85.2
BPC	10.0	9.3±0.1	93.1	10.0	9.2±0.1	92.4
	50.0	48.3±0.2	96.6	50.0	52.1±0.9	104.2
	100.0	88.6±0.4	88.6	100.0	98.7±1.3	98.7
TCBPA	10.0	9.5±0.3	95.0	10.0	8.9±0.6	89.1
	50.0	51.2±0.4	102.4	50.0	48.2±0.1	96.4
	100.0	97.6±0.3	97.6	100.0	99.9±1.1	99.9
TBBPA	10.0	9.2±0.1	92.3	10.0	8.7±0.8	87.2
	50.0	44.6±0.5	89.2	50.0	46.7±0.7	93.4
	100.0	79.6±0.4	79.6	100.0	76.9±2.1	76.9

3.2.4.8 方法比较

将基于磁性离子液体的 DLLPE 方法和其他已发表的方法进行比较。本实验方法对于 BPs 的检测限最低，回收率更好。除此之外，本实验中用到的萃取剂量是极少的。结果如表 3.9 所示。

表 3.9 方法比较

分析方法	基质	回收率 /%	目标分析物数量	检出限 /（ng/mL）	参考文献
MSPE-HPLC-DAD	废水	86.3 ～ 90.7	3	1.2 ～ 2.9	87
LLME-HPLC-DAD	牛奶	76.2 ～ 90.5	5	0.53 ～ 1.11	88
SPE-HPLC-FLD	啤酒	72.999.6	5	0.51 ～ 0.96	89
MLLPE-HPLC-DAD	海水	76.9 ～ 104.2	9	0.34 ～ 1.32	本书

3.2.5 结论

在本章实验中，成功合成和表征了磁性离子液体并将其作为磁性液相萃取剂，结合 HPLC-DAD 实现了对 9 种 BPs 的同时检测。详细研究并优化了实验影响因素，确定最优实验条件为：50μL 磁性离子液体在 pH 为 5 的条件下，涡旋萃取 5min，能够达到良好的萃取效果。当磁性离子液体作为萃取剂时，减少了萃取剂量，缩短了萃取时间，具有简单、快速、环境友好等优点，适用于不同萃取基质中的双酚类物质分析。

参考文献

[1] YILMAZ E, SOYLAK M. Preparation and characterization of magnetic carboxylated nanodiamonds for vortex-assisted magnetic solid-phase extraction of ziram in food and water samples [J]. Talanta, 2016, 158: 152-158.

[2] SU X, LI X, LI J, et al. Synthesis and characterization of core-shell magnetic molecularly imprinted polymers for solid-phase extraction

and determination of Rhodamine B in food [J]. Food Chemistry, 2015, 171: 292-297.

[3] DIAMANTI-KANDARAKIS E, BOURGUIGNON J P, GIUDICE L C, et al. Endocrine-disrupting chemicals: An endocrine society scientific statement [J]. Endocrine Reviews, 2009, 30 (4): 293-342.

[4] SOYLAK M, UNSAL Y E, YILMAZ E, et al. Determination of rhodamine B in soft drink, waste water and lipstick samples after solid phase extraction [J]. Food and Chemical Toxicology, 2011, 49 (8): 1796-1799.

[5] LI N, CHEN J, SHI Y P. Magnetic reduced graphene oxide functionalized with β-cyclodextrin as magnetic solid-phase extraction adsorbents for the determination of phytohormones in tomatoes coupled with high performance liquid chromatography [J]. Journal of Chromatography A, 2016, 1441: 24-33.

[6] BHIRUD C H, HIREMATH S N. Development of validated stability-indicating simultaneous estimation of Tenofovir disoproxil fumarate and emtricitabine in tablets by HPTLC [J]. Journal of Pharmacy Research, 2013, 7 (2): 157-161.

[7] ASHENAFI D, CHINTAM V, VAN VEGHEL D, et al. Development of a validated liquid chromatographic method for the determination of related substances and assay of tenofovir disoproxil fumarate [J]. Journal of Separation Science, 2010, 33 (12): 1708-1716.

[8] MAKKLIANG F, KANATHARANA P, THAVARUNGKUL P, et al. Development of magnetic micro-solid phase extraction for analysis of phthalate esters in packaged food [J]. Food Chemistry, 2015, 166: 275-282.

[9] SHAMSIPUR M, YAZDANFAR N, GHAMBARIAN M. Combination of solid-phase extraction with dispersive liquid–liquid microextraction followed by GC–MS for determination of pesticide residues from water, milk, honey and fruit juice [J]. Food Chemistry, 2016, 204: 289-297.

[10] HU J, YANG S T, WANG X K. Adsorption of Cu (II) on

β-cyclodextrin modified multiwall carbon nanotube/iron oxides in the absence/presence of fulvic acid [J]. Journal of Chemical Technology & Biotechnology, 2012, 87（5）: 673-681.

[11] WU H, GUO J B, DU L M, et al. A rapid shaking-based ionic liquid dispersive liquid phase microextraction for the simultaneous determination of six synthetic food colourants in soft drinks, sugar- and gelatin-based confectionery by high-performance liquid chromatography [J]. Food Chemistry, 2013, 141（1）: 182-186.

[12] ALI FARAJZADEH M, MOGADDAM M R A, GHORBANPOUR H. Development of a new microextraction method based on elevated temperature dispersive liquid–liquid microextraction for determination of triazole pesticides residues in honey by gas chromatography-nitrogen phosphorus detection [J]. Journal of Chromatography A, 2014, 1347: 8-16.

[13] MEHDINIA A, KHOJASTEH E, BARADARAN KAYYAL T, et al. Magnetic solid phase extraction using gold immobilized magnetic mesoporous silica nanoparticles coupled with dispersive liquid–liquid microextraction for determination of polycyclic aromatic hydrocarbons [J]. Journal of Chromatography A, 2014, 1364: 20-27.

3.3 磁性离子液体液相微萃取三种生物胺的研究

3.3.1 引言

生物胺不仅是生成荷尔蒙、核酸、蛋白质等的前体物质，也是生成致癌物质和亚硝基化合物的前驱物质[1-2]。国际上已经对发酵类食品中生物胺含量做了严格的限量规定。在非发酵食品中，由于不良的微生物活性，也可能存在微量的生物胺类物质[3]。过量的生物胺类物质对人体会有严重的危害。所以，对于微量生物胺检测方法的研究越来越多[4]。

微波萃取技术是食品和中药有效成分提取的一项新技术。据报道，微波萃取技术起步较晚，1986 年，第一篇微波辅助有机化合物萃取的文献被发表[5]。随着微波技术的不断发展，在萃取技术与合成反应中，微波技术均展现出独特的优势。微波萃取已成为经常被用于土壤、沉淀物中多环芳烃、农药残留等微量有机物测定以及重金属形态分析等方面的样品前处理方法[6-8]。

本章中以磁性离子液体为萃取剂，并结合微波萃取对3种BAs进行快速分析。采用微波同时衍生萃取的方法有诸多优点，例如，成本较低、分析时间短、能够快速分离等。在本实验中，对3种液体饮料中的3种BAs（His、Try和Ben）进行定量检测，对实验的萃取条件进行一系列优化。在优化后的实验条件下，对实际样品进行定量分析。

3.3.2　实验部分

3.3.2.1　仪器与试剂

（1）实验仪器表

实验仪器如表3.10所示。

表3.10　实验仪器

仪器名称	厂家及仪器型号
电子分析天平	瑞士梅特勒托利多
Avatar330傅里叶变换红外光谱仪	上海市精密仪器有限公司
Agilent1100高效液相色谱仪	美国安捷伦公司
强磁磁铁100mm×50mm×20mm	北京盈科宏业科技有限责任公司
HJ-6多头磁力加热搅拌器	上海司乐仪器有限公司
SZ-96自动纯水器	上海亚荣生化仪器厂
3000r/min低速离心机	湖南湘仪实验室仪器有限公司TDZ4-WS
DH4516磁滞回线试验仪	北京恒奥德仪器仪表有限公司
实验专用微波炉	北京祥鹊科技发展有限公司

（2）实验试剂

3种BAs（组胺、色胺、苯乙胺）、丹磺酰氯购于上海阿拉丁生化科技有限公司。3种生物胺的储备液是通过将3种BAs溶解在甲醇中得到的，在4℃下遮光保存。实验工作溶液通过每天用二次蒸馏水稀释储备液获得，保证实验溶液不被污染。

3.3.2.2 样品制备

饮料样品（啤酒、白酒、橙汁）购自当地超市（中国沈阳）。向 10.00mL 饮料样品中不加（空白样品）或加入（标加样品）相应体积的一定浓度的混合标准工作溶液，过 0.45μm 滤膜，将此溶液称为样品溶液并于 4℃保存。

3.3.2.3 磁性离子液体材料制备及表征

（1）磁性分散液相微萃取过程

将 50.0μL 的磁性离子液体加入 10.0mL 的样品溶液中，室温下涡旋 5min 进行萃取。然后所有溶液用 0.45μm 尼龙滤膜（14mm 内径）过滤。接着，用高强磁铁进行液液分离。加入甲醇将离子液体相溶解，得到的溶液作为分析溶液送入 HPLC 进行分析。

（2）萃取材料的表征

对本章实验中合成的材料，采用磁性测试和红外光谱对其进行表征。

对于本章中的磁性离子液体，红外光谱对其阳离子进行表征。如图 3.21 所示，合成的磁性材料与未磁化的材料阳离子部分是基本相同的，表明离子液体和三氯化铁磁化时，阳离子并没有参与配位反应，只有阴离子和三氯化铁发生络合反应，成功合成了该磁性离子液体。

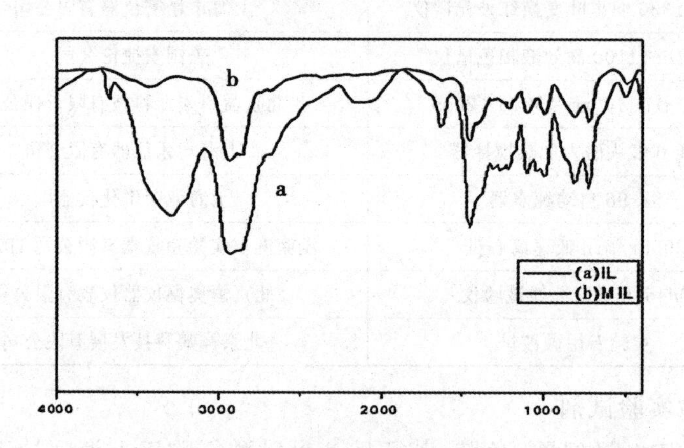

图 3.21 离子液体红外光谱图

图 3.22 为材料的磁性测试，结果表明，本章实验合成的离子液体具有很强的磁性，在高强磁铁的作用下，可以很快与基质进行分离，可以

用于磁性分离。

图 3.22　离子液体磁性图

3.3.2.4　磁性分散液相微萃取过程

将 40.0μL 的磁性离子液体和 20μL 丹磺酰氯加入 10.0mL 的样品溶液中，采用微波同时衍生萃取的方法，微波功率为 200W 并微波加热 90s。用高强磁铁进行液液分离。用甲醇将离子液体相溶解，然后所有溶液用 0.45μm 尼龙滤膜（14mm 内径）过滤，得到的溶液作为待分析溶液送入 HPLC 进行分析。

3.3.2.5　高效液相色谱条件

Agilent XDB-C18 反相柱（150mm × 4.6mm 内径，5mm），柱温 35℃，进样 20.0μL，流动相流速为 1.0mL/min。检测波长是 254nm。流动相为乙腈（A）和水（B）（体积比为 70：30）。

3.3.3　结果与讨论

（1）萃取剂量的影响

分别将 10 ～ 50.0μL 磁性离子液体加入 10mL 浓度为 5g/mL 的三种 BAs 混合标准溶液中对 BAs 萃取分离。结果如图 3.23 所示，当磁性离子液体体积增加到 40.0μL 后，磁性萃取剂对 3 种 BAs 的萃取率均在 95% 以上，若继续增加磁性离子液体的体积，萃取效率无明显提升。在接下来的实验过程中，将萃取剂体积确定为 40.0μL。

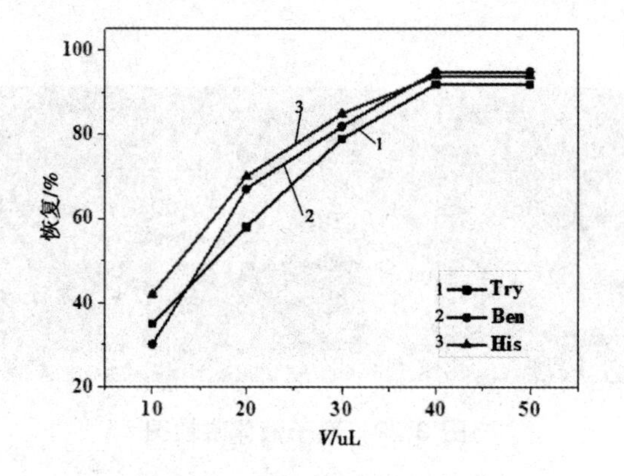

图 3.23　萃取剂量的影响

（2）微波功率的影响

量取 40.0μL 磁性离子液体，加入 10mL 浓度为 2g/mL 的 3 种 BAs 混合标准液中，采用不同的微波功率进行衍生萃取（100W、200W、300W、400W），实验结果如图 3.24 所示，当微波功率为 200W 时，磁性离子液体对 3 种 BAs 的萃取达到了萃取平衡。因此，在后续实验中微波功率为 200W。

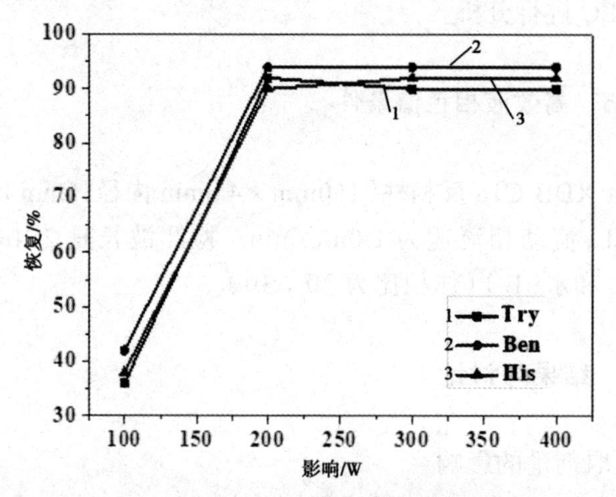

图 3.24　微波功率的影响

（3）微波时间对萃取率的影响

量取 40.0μL 磁性离子液体，加入 10mL 浓度为 5g/mL 的 3 种 BAs 混合标准液中，在微波功率为 200W 的条件下，采用不同的微波时间进行衍生萃取（30 ～ 150s），结果如图 3.25 所示，随着微波时间的增加，磁性离子液体对 BAs 的萃取率不断升高，当微波时间达到 90s 后，磁性萃取剂对三种目标物质萃取基本完全。在接下来的实验中，微波时间确定为 90s。

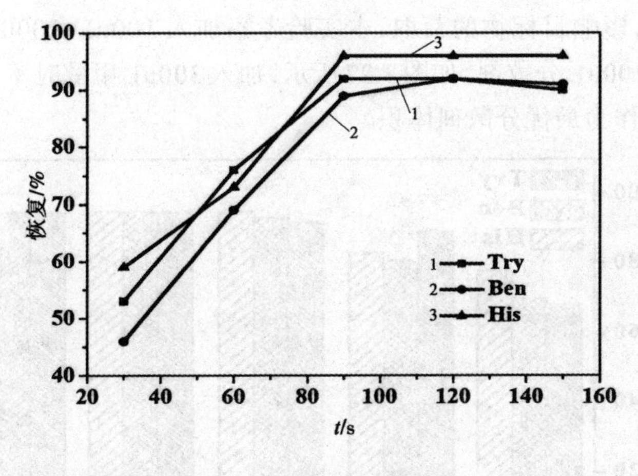

图 3.25　微波时间的影响

（4）分散剂种类对萃取率的影响

加入分散剂能使萃取溶剂更好地分散，而且分散剂需与萃取剂和水溶液均互溶。本实验分别考察加入甲醇、乙腈、丙酮以及未加有机溶剂对萃取率的影响。图 3.26 表明，当加入甲醇后萃取率最高，选择用甲醇作为分散剂。

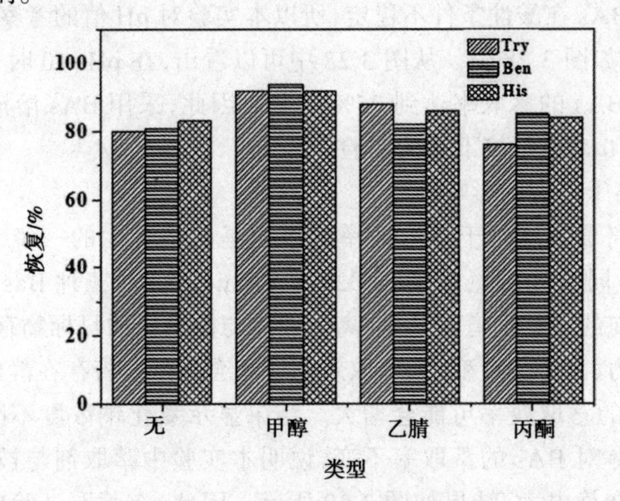

图 3.26　分散剂种类的影响

（5）分散剂体积对萃取率的影响

分散剂体积是影响萃取率的重要因素之一，分散剂用量少可能导致分散能力差，萃取效率低。用量太多可能会使离子液体在水相中溶解度增大，影响目标物的萃取，本实验考察加入 100μL、200μL、300μL、400μL 和 500μL 分散剂。如图 3.27 所示，加入 300μL 甲醇时萃取率最高。将 300μL 作为最优分散剂体积。

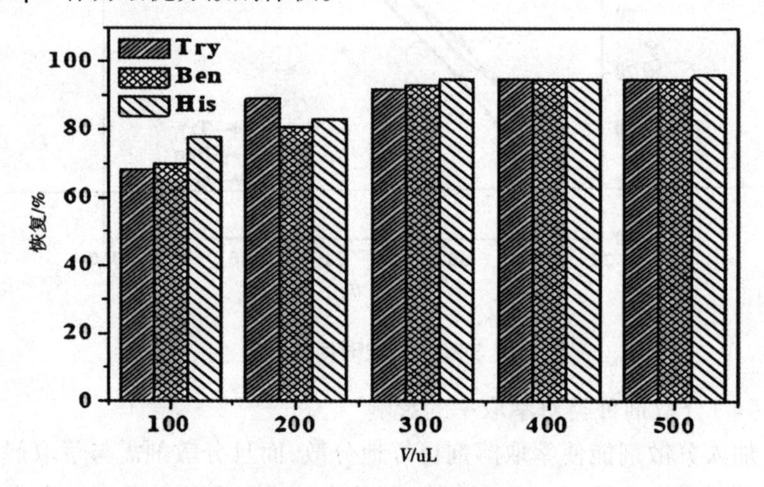

图 3.27　分散剂体积的影响

（6）pH 值对萃取率的影响

由于 BAs 在酸性条件不稳定，所以本实验对 pH 值的考察在 8 ～ 12 进行，结果如图 3.28 中。从图 3.28 中可以看出，在 pH=10 时，磁性离子液体对于 BAs 的萃取率达到 95% 以上。因此，采用 BAs 溶液的 pH 值调至 pH=10 来进行接下来的实验。

（7）离子强度的影响

探究离子强度对于萃取效率的影响是必不可少的一步，在本实验中，选取不同浓度的氯化钠（0.025 ～ 1.0mol/L）对三种 Bas 进行定量萃取。之前的文献报道，若磁性离子液体与待分析的目标物存在很强的静电作用力，离子强度变大，萃取效率可能会降低。若存在静电斥力，对三种 BAs 的萃取效率可能会增大。结果显示氯化钠浓度不断增大，磁性离子液体对 BAs 的萃取率不变，说明本实验中萃取剂与被萃取物质之间不存在静电力，结果如图 3.29 所示。因此，在萃取试验中，离子强度不需要调节。

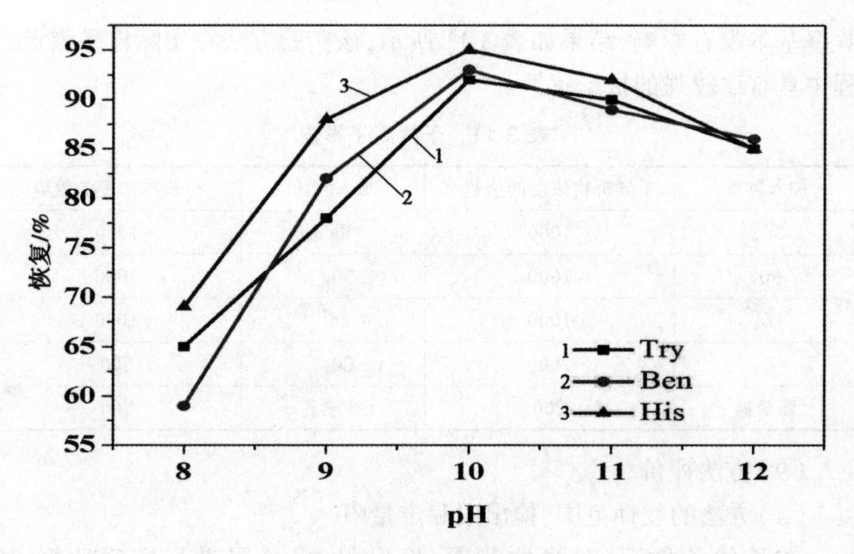

图 3.28　pH 值的影响

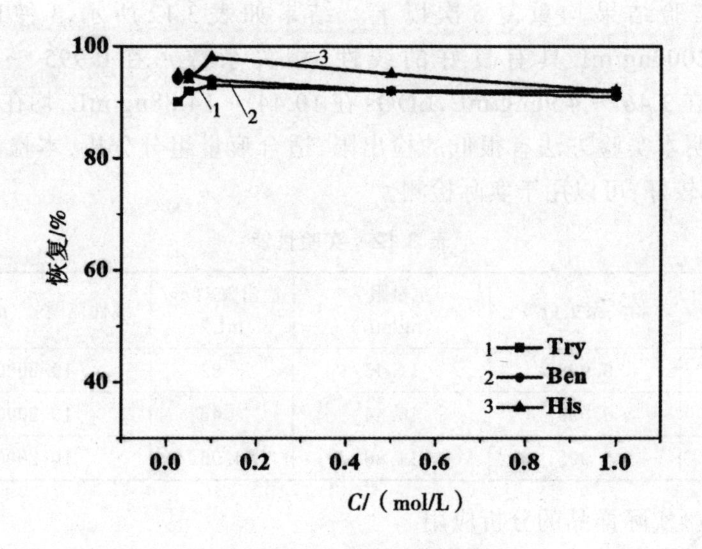

图 3.29　离子强度的影响

(8)干扰离子的影响

啤酒、白酒、橙汁中可能含有各种离子,为了将本方法应用到实际检测,实验中,需要对干扰离子进行考察。因此,考察的离子包括 K^+、Mg^{2+} 等无机离子,这些离子在溶液中所能承受的浓度达到 1×10^{-3} mol/L。实验结果证明,以上这些无机离子对于萃取实验中的萃取效率基本没有影响。加入浓度为 2×10^{-2} mol/L 的葡萄糖和维生素,对于目标物的回收率基本没有影响，结果如表 3.11 所示，该实验方法在实际样品测定过程中具有比较强的抗干扰性。

表 3.11 干扰离子影响

加入物质	分析物浓度的倍数	加入物质	分析物浓度的倍数
SO_3^{2-}	1000	Mg^{2+}	1000
NO_3^-	1000	SO_4^{2-}	1000
PO_4^{3-}	1000	Zn^{2+}	1000
K^+	1000	CO_3^{2-}	500
葡萄糖	200	纤维素	200

（9）方法评价

（a）方法的线性范围、检出限和定量限

在最优条件下，对线性范围、检出限、定量限进行准确计算，所有的实验结果均重复 5 次以上。结果如表 3.12 所示，3 种 BAs 在 10 ～ 2000ng/mL 具有良好的线性，相关系数 r^2 在 0.995 ～ 0.999。LODs 在 3.46 ～ 4.96ng/mL，LOQs 在 10.44 ～ 14.88ng/mL，均在 ng/mL 级，说明本实验方法有很低的检出限，适合痕量组分分析，本检测方法重现性较好，可以用于实际检测。

表 3.12 实验性能

分析物	相关系数（r^2）	定量限 /（ng/mL）	检出限 /（ng/mL）	线性范围 /（ng/mL）
Try	0.998	11.46	3.82	10-2000
Ben	0.999	10.44	3.46	10-2000
His	0.995	14.88	4.96	10-2000

（b）实际样品的分析应用

在最优条件下，对实际样品中的 3 种 BAs 进行分析检测。3 种 BAs 的保留时间分别是 2.6min、4.1min、5.3min。空白和加标样品的液相色谱如图 3.30 所示。

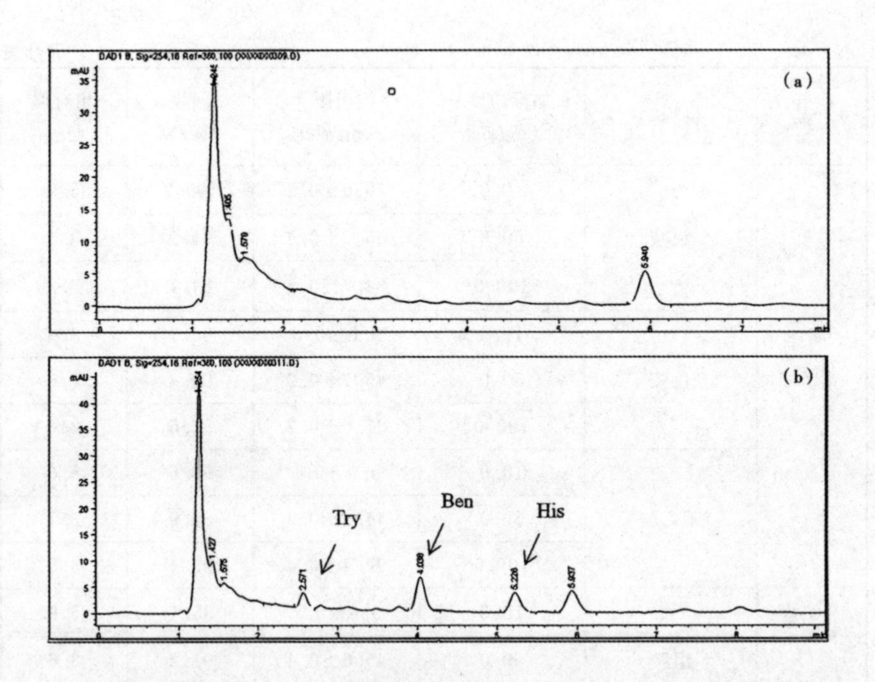

图 3.30　实验液相图 [图(a) 为空白样品，图(b) 为 10.0ng/mL 的加标样品]

从表 3.13 可以看出，本方法在实际样品的加标回收率在 84.7% ~ 108.5%，相对标准偏差小于 7.9%。所得结果表明，该方法对样品中的 BAs 萃取效果良好，并具备很好的精密度与加标回收率。

表 3.13　实际样品的回收和相对标准偏差

样品	目标物	加标浓度 /（ng/mL）	检出限 /（ng/mL）	回收率 /%	相对偏差 /%
啤酒	组胺	10.0	9.4±0.2	94.1	5.9
		25.0	23.1±0.4	92.4	2.6
		50.0	48.6±0.5	97.2	8.1
	色胺	10.0	9.3±0.3	93.2	3.4
		25.0	23.9±0.3	95.6	4.3
		50.0	46.5±0.2	93.0	3.6
	苯乙胺	10.0	9.4±0.1	94.0	5.6
		25.0	23.4±0.3	93.6	3.7
		50.0	47.8±0.4	95.6	4.6

续表

样品	目标物	加标浓度/(ng/mL)	检出限/(ng/mL)	回收率/%	相对偏差/%
白酒	组胺	10.0	10.0±0.2	100.2	5.9
		50.0	45.6±0.4	91.2	3.6
		100.0	84.7±0.5	84.7	7.3
	色胺	10.0	9.6±0.3	96.1	3.4
		50.0	49.7±0.3	99.4	5.6
		100.0	87.6±0.2	87.6	3.6
	苯乙胺	10.0	9.9±0.1	99.6	5.6
		50.0	44.4±0.3	88.9	3.7
		100.0	92.4±0.4	92.4	3.5
橙汁	组胺	10.0	9.8±0.2	98.1	5.9
		50.0	45.6±0.4	91.2	3.6
		100.0	88.4±0.5	88.4	7.9
	色胺	10.0	10.2±0.3	102.1	3.4
		50.0	47.7±0.3	95.4	4.6
		100.0	87.6±0.2	87.6	3.6
	苯乙胺	10.0	9.5±0.1	95.3	6.1
		50.0	44.4±0.3	88.9	2.9
		100.0	97.4±0.4	97.4	3.5

3.3.4 结论

在本章中，成功将磁性离子液体作为磁性液相萃取剂，采用微波同时衍生萃取的方法，结合高效液相色谱完成对3种BAs的同时分析。详细研究并优化了实验影响因素，确定最优实验条件为：40μL磁性离子液体在pH为10的条件下，微波功率为200W萃取90s，达到良好的萃取效果。当磁性离子液体作为萃取剂时，减少了萃取剂量，缩短了萃取时间，具有简单、快速、环境友好等优点，适用于不同萃取基质中的生物胺分析。

参考文献

[1] CHAIKITTISILP W, ARIGA K, YAMAUCHI Y. A new family of carbon materials: Synthesis of MOF-derived nanoporous carbons and their promising applications[J]. Journal of Materials Chemistry A,2013,1(1): 14-19.

[2] LI J S, QI J W, LIU C, et al. Fabrication of ordered mesoporous carbon hollow fiber membranes via a confined soft templating approach[J]. Journal of Materials Chemistry A,2014,2(12): 4144-4149.

[3] MEZZAVILLA S, BALDIZZONE C, MAYRHOFER K J J, et al. General method for the synthesis of hollow mesoporous carbon spheres with tunable textural properties[J]. ACS Applied Materials & Interfaces,2015,7(23): 12914-12922.

[4] LI S, NIU Z, ZHONG X, et al. Fabrication of magnetic Ni nanoparticles functionalized water-soluble graphene sheets nanocomposites as sorbent for aromatic compounds removal[J]. Journal of Hazardous Materials,2012,229/230: 42-47.

[5] CULZONI M J, SCHENONE A V, LLAMAS N E, et al. Fast chromatographic method for the determination of dyes in beverages by using high performance liquid chromatography—diode array detection data and second order algorithms[J]. Journal of Chromatography A,2009,1216(42): 7063-7070.

[6] TSAI W H, HUANG T C, HUANG J J, et al. Dispersive solid-phase microextraction method for sample extraction in the analysis of four tetracyclines in water and milk samples by high-performance liquid chromatography with diode-array detection[J]. Journal of Chromatography A,2009,1216(12): 2263-2269.

[7] ETACHERI V, WANG C W, O'CONNELL M J, et al. Porous carbon sphere anodes for enhanced lithium-ion storage[J]. Journal of Materials Chemistry A,2015,3(18): 9861-9868.

[8] PARHAM H, KHOSHNAM F. Solid phase extraction–

preconcentration and high performance liquid chromatographic determination of 2-mercapto-（benzothiazole, benzoxazole and benzimidazole）using copper oxide nanoparticles[J]. Talanta, 2013, 114: 90-94.